中国饭店制服蓝皮书

中国旅游饭店业协会　编

中国纺织出版社

图书在版编目（CIP）数据

中国饭店制服蓝皮书 / 中国旅游饭店业协会编 . —北京：中国纺织出版社，2015. 5

ISBN 978 − 7 − 5180 − 1366 − 1

Ⅰ. ①中… Ⅱ. ①中… Ⅲ. ①饭店−制服−服装设计−白皮书−中国 Ⅳ. ①TS941. 732

中国版本图书馆 CIP 数据核字（2015）第 025374 号

策划编辑：魏 萌 责任编辑：陈静杰 责任校对：楼旭红
责任设计：何 建 责任印制：储志伟

中国纺织出版社出版发行
地址：北京市朝阳区百子湾东里 A407 号楼 邮政编码：100124
销售电话：010 — 67004422 传真：010 — 87155801
http：//www.c-textilep.com
E-mail：faxing@c-textilep.com
中国纺织出版社天猫旗舰店
官方微博 http://weibo.com/2119887771
北京千鹤印刷有限公司印刷 各地新华书店经销
2015 年 5 月第 1 版第 1 次印刷
开本：889×1194 1/16 印张：6.5
字数：101 千字 定价：58.00 元

编委会名单

（按姓氏笔画排名）

序1

在市场经济大潮中壮大的中国饭店业经过三十多年的洗礼，正在发生着深刻的变化。在不断强调饭店硬件建设的今天，饭店软件的建设也与时俱进，得到社会越来越多的重视，中国酒店迎来了新的发展机遇。

饭店除菜肴的色、香、味，环境的情、景、物外，人置于饭店的环境是一道流动的亮丽风景。合适的饭店制服，既可以完美地传达饭店的行业特点、经营理念、工作性质和精神面貌，又可无形中令员工自觉地约束了思想观念、言行举止，强化其归属感、自豪感、责任感和荣誉感。一家成功的饭店都很重视其自身制服的创意设计和制作，一个有品位和良好经营理念的饭店必然会注重其员工制服的个性、质地、规范及适宜度。饭店制服作为企业形象视觉识别系统的重要组成部分，除了具有实用功能，更重要的是能通过它的功能性、审美性、标识性等传达出企业文化乃至地域文化的种种信息，因而被越来越多的饭店管理与经营者所重视。

然而，如今的现状并不令人乐观。在专业人士组织的普遍调查中发现,我国现阶段星级饭店的制服并没有达到功能性、审美性、标识性等方面的和谐统一，在制服的专业设计、材料选择、制作工艺以及洗涤护理等方面也没有标准可依。从普遍存在的问题中分析，国际管理饭店的整体情况优于国内管理的饭店，大城市饭店整体情况优于中小城市，沿海城市的整体情况优于内地城市。饭店制服方面诸多问题的存在，影响了对员工的人文关怀和工作效率，也阻碍了中国饭店行业软件的提升

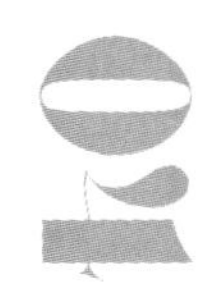

和形象的展示。制服是饭店产品完整性的重要组成部分，系统性极强，被顾客和饭店的关注度日趋增强。如何规范专业化制服标准，引领行业发展方向，体现中国民族文化并且与国际接轨是饭店制服行业亟待解决的问题，也是未来的发展方向。

当前，中国饭店业正处于新的转型升级的重要阶段，中国饭店业将迎来一个质的飞跃。这次编写的《中国饭店制服蓝皮书》，是在经过由服装学院教授、国家级星评员、酒店管理专家、制服专家等组成的调研小组，全方位对制服这个软件建设的重中之重进行了系统的调查与总结之后形成的。这本以文化为载体、市场为导向、质量为根本的蓝皮书，为行业可持续发展书写了一本具有实际应用价值的工具书，它的出版及推广使用不仅为中国饭店软件规范化建设填补了一项空白，而且对中国饭店业的健康良性发展和走向世界有着积极和深远的意义。

徐锦祉

全国饭店星级评定委员会专家委员会主任

2015 年 1 月

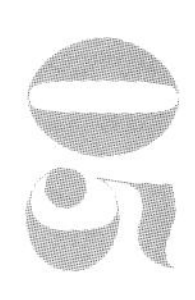

序2

出行是人类基本的生活方式之一。即使我们出行的目的有所不同，诸如商务旅行、休闲度假、探亲访友等，出行者在外栖息之地——饭店，对于所有出行者出行的质量都至关重要。

饭店是以建筑形态为公众提供住宿、膳食、娱乐等服务的机构。因出行者入住目的（生活方式）、消费能力以及审美取向的不同，饭店被细分为多个种类、多个级别、多种风格，以及多样的内部结构，因此，饭店的形态丰富多彩，饭店产业的发展十分多元。

饭店均是由硬件设施和软件设施两个部分构成。硬件设施包括功能性建筑空间、功能性设备、装饰陈列等，软件设施有饭店的经营理念、企业文化、服务人员的综合素质、仪表仪容和专业技能等。饭店的硬件和软件质量是其品质的保证。

经验告诉我们，初入饭店我们首先感知的是其空间格局、风格、装饰陈列等硬件设施，当我们对其感知、熟悉并做出判断之后，并随着饭店生活行为的展开，我们会逐渐淡忘诸如空间环境等硬件设施，进而对其服务的种类和质量产生最终诉求。从本质上讲，是对承载饭店文化、理念、制度的服务人员的基本素质和专业技能的诉求，而人具有可变和不稳定特质，因此，饭店软件设施较硬件设施具有相对的不稳定性。服务人员对饭店文化、经营理念、管理制度的领悟与把握，及其品格（内在美和外在美）和专业能力，对于饭店品质的稳固及可持续发展扮演着重要角色。

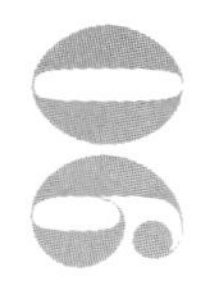

饭店服务人员不仅为入住者提供服务，同时还是饭店服务质量的重要变量，他们是饭店组织结构的核心。不言而喻，服务人员的品格和专业能力的稳定性十分重要，而服务人员的着装对于塑造与酒店经营理念相一致的酒店人，以及实现服务人员的外在美同样非同小可。

认识的程序一般由“形式→结构→本质”，而造物则由“理念（被造物本质）→结构→形式”，被造物本质与造物理念相对称。因此，无论饭店的硬件还是软件设施，都应与饭店的经营理念相对称。而服务人员的工作服装，应是饭店经营理念、风格定位、工作特点等以服装形式的物化与体现。造物由“理念（被造物本质）→结构→形式”，不仅是造物的基本法则，也是建立饭店体系及其完整性的基本方法。因此，制定饭店硬件和软件的质量标准以及设施规范，对于维系、稳固饭店定位和品质，以及可持续发展至关重要。

中国改革开放三十多年，饭店业发展快速，规模庞大，形式多样，同时，饭店运营的相关标准也趋于完善。然而，时至今日，饭店服务人员的制服标准和规范尚未建立，致使饭店服务人员的制服参差不齐，如制服质量与饭店星级标准不匹配，制服风格与饭店定位不匹配，制服的功能性与工作特点不匹配，等等。因此，建立饭店服务人员的制服标准和规范已是当务之急。

基于以上背景，由“中国旅游饭店业协会”组织国内外酒店管理专家、国家级星评员、服装学院教授、制服行业专家，经由一年多时间调研、讨论、研究，撰写的《中国饭店制服蓝皮书》于今年 11 月完稿，并将在中国饭店业执行、使用。该书的出版无疑填补了中国饭店业服务人员制服尚缺统一标准、规范的空白，同时，它为中国饭店业服务人员制服正式标准的制定打下了坚实的基础。

中国美术家协会服装艺术设计委员会秘书长

清华大学美术学院染织服装艺术设计系主任、教授

2015 年 1 月于清华大学

毋庸置疑，中国饭店业制服已形成了国际化的发展步伐。

放眼全球，欧美发达国家以及日本的饭店制服已形成规范化着装，产业的发展也更为成熟，如德国、美国等都已形成了独具风格的制服特点。而日本则是在制服技术方面，其研究水平一直处于世界领先地位。整合先进国家的成功经验与风格特点，总结出行业规范性、极具功能满足性、系统审美性，是中国饭店制服行业发展的重要环节。

鉴于中国饭店行业三十多年的发展，制服设计及着装已有了深入的研究和设计。为此，这次由国内服装学院教授、国家级星评员、饭店管理专家、制服专家等参与编写的《中国饭店制服蓝皮书》一书，在充分研究和调查的基础上，以国际化为导向，针对制服行业的设计创新研究及系统规范化方面，参照国际领先水平及国家服装行业标准编写而成。

在走访全国 300 多家饭店及网络调研后，全面了解了中国饭店制服的现状，这次编著的《中国饭店制服蓝皮书》对行业向国际化、专业化发展及运用的程序和方法进行了系统的论述，同时梳理了中国服装行业的具体号型、洗涤、面料功能性要求等方面的标准规范，再结合饭店行业的特点进行系统的阐述，使其成为一本具有准确的专业引导性与极强的实际指导意义，且能为行业更好的发展指引方向的工具书。

饭店制服是饭店文化素养、审美水平、服饰品位的信息传递载体，作为饭店视觉营销中举足轻重的部分，成功的饭店制服设计对饭店整体环境的档次提升很大，以经营理念、经营

宗旨、经营战略为目标，突出饭店文化和特色，同时也可以提升员工的精神面貌和归属感，使员工能够更加地爱岗敬业。

希望此书的出版能足够引起同行的关注，在各自的实践运作中探索前行，发现不足之处，弥补缺陷之点，完善本业之基，丰厚创新之术，为本行业的发展和饭店制服品质提升做出更大的贡献。

中国旅游饭店业协会常务理事

东亚制服集团总设计师

2015 年 1 月

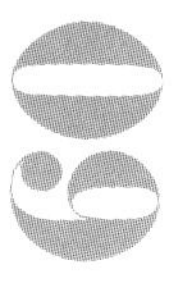

第一章

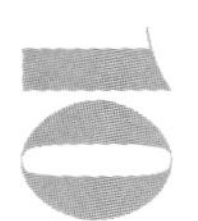

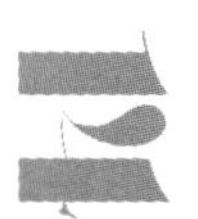

第一章

饭店制服调研问卷报告

一、报告概况

中国改革开放三十多年来，饭店业发展快速，规模庞大，形式多样，同时，饭店运营的相关标准也日趋完善。然而，时至今日，饭店服务人员的制服标准和规范尚未建立，致使饭店软件建设与硬件建设不同步，建立饭店服务人员的制服标准和规范是中国饭店业提升软件建设的首要重任。因此，中国旅游饭店业协会委托由部分中国旅游饭店业协会副会长、酒店管理专家、知名制服专家、服装院校教授、国家级星评员等组成的调研小组，对中国饭店制服进行了整体的调研。

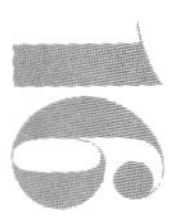

1. 调研目的

一是了解国内饭店制服的现状；二是了解饭店管理者和客人对于饭店制服的要求及饭店制服对饭店品牌影响力的重要性；三是了解饭店对于制服未来发展的诉求；四是提出饭店制服未来的发展方向；并在调研的基础上为蓝皮书的编写做准备。

2. 调研过程

此次调研范围涵盖了浙江、山东、福建、湖南、四川、北京、上海、广东、海南、新疆、陕西、山西、江苏、安徽、辽宁、云南等 16 个省（市），主要对各省（市）星级饭店和具有代表性的饭店（包括商务、度假、会议、主题饭店等类型；涵盖国际管理品牌、国内管理品牌和自主经营饭店）进行了系统调研。其中现场走访座谈浙江、山东、福建、湖南、四川 5 个省，实地考察北京、上海、广东、海南等 11 个省市，发放电子问卷 200 余份（家饭店）。

3. 问卷调查内容

调研以实地考察、座谈会、问卷、电子问卷等形式开展，并在一些地区与相关资深人士进行了深入探讨。电子问卷调查有效问卷 146 份。调研形式分类详见表 1-1。

表 1-1

调研形式	现场走访及座谈会	网络问卷调查	实地调研
数量（家）	88	146	78

问卷调查内容

1. 您所在的饭店属于哪种类型的饭店

   ▒ 商务饭店　▒ 会议饭店　▒ 度假饭店　▒ 主题饭店　▒ 其他

2. 制服的“专业设计”情况

   ▒ 模仿其他类似饭店的制服，无专业设计

   ▒ 有设计，但与饭店主题不吻合

   ▒ 不注重制服效果

3. 制服设计中对饭店文化的体现

   ▒ 主题明确　▒ 一般　▒ 基本没有体现

4. 制服设计团队的选择

   ▒ 国外设计师　▒ 国内制服公司　▒ 服装院校老师　▒ 一般制服生产企业

5. 如何决定制服公司

   ▒ 总经理决定　▒ 按设计师品牌作品决定　▒ 按价格选定

6. 制服选材的外观品质

   ▒ 褪色　▒ 拉丝、起毛　▒ 质量稳定

7. 制服选材的舒适度

   ▒ 排汗、透气　▒ 舒适度差　▒ 触感柔软

8. 制服选材的环保性

   ▒ 有要求　▒ 无要求

9. 制服选材的功能性

   ▒ 防静电　▒ 防酸碱　▒ 阻燃　▒ 抗油易去污

10. 制服板型结构合理度

    ▒ 按照人体工程学设计合理　▒ 一般　▒ 不方便服务

11. 制服缝制工艺的精致度

    ▒ 做工精致　▒ 较合体、挺括　▒ 一般　▒ 有掉扣等情况，做工粗糙

12. 制服是否分冬、夏两季

    ▒ 是　▒ 否　▒ 根据岗位设定

13. 制服平均洗涤次数（次 / 年）

    ①前厅：　▒ 100 次　▒ 80 次　▒ 50 次

    ②餐厅：　▒ 100 次　▒ 80 次　▒ 50 次

14. 制服换装的周期

    ▒ 2 年　▒ 3 年　▒ 4 年及以上

15. 对于制服穿着效果的考核

    ▒ 按专业设计要求，统一形象要求　▒ 按选择的服装随意穿着

    ▒ 没有具体设计

16. 员工流动性大，如何选择制服尺码

- 量体
- 国家标准号型的大、中、小号
- 根据员工尺寸分大、中、小号

17. 现今市场制服实际费用预算情况（以换装周期 2 年为例）

- 人均 350 元
- 人均 450 元
- 人均 500 元以上

18. 能够接受的制服价格定位（人均元 / 套）

- 350
- 400
- 450
- 500
- 500 以上

19. 在选择制服中是否愿意为设计的知识产权支付单独的费用

- 是
- 否

20. 当今形势下，是否愿意对饭店制服进行投入

- 愿意
- 根据实际情况决定

21. 饭店管理者对饭店制服现状的认识

- 比较满意
- 不正式，缺乏专业培训
- 无体系、无规范、无标准
- 不关注

22. 制服在饭店采购物品中的地位

- 很重要
- 重要
- 比较重要

23. 如何理解“专业设计、选材良好、做工精致”的星评标准

- 选择制服方案时必须考虑
- 选择制服方案时没有考虑
- 不知道有此规范标准

24. 饭店制服是否有必要建立规范与标准

- 非常有必要
- 否
- 无所谓

4. 座谈会内容

组织召开座谈会共 6 次，参与的饭店共 88 家。参与座谈会的饭店分类见表 1-2。

表 1-2

地区	星级饭店	其中			其他	总数
		国际品牌	国内品牌	业主自行管理		
山东	4	3	0	1	11	15
福建	11	5	0	6	4	15
浙江	12	1	5	6	1	13
湖南	13	2	6	5	2	15
四川	9	3	2	4	6	15
云南	9	1	3	5	6	15

座谈会邀请了各个饭店负责制服的人员，根据问卷调查的部分内容，结合在实际操作中存在的一些问题、比较关心的方面，与行业专家、星评员以及专业院校教授等进行深入的讨论。专家教授们在听取饭店管理者反馈意见的同时，从不同的角度与管理者们对于饭店制服的现状、存在的问题以及未来发展的趋势进行了研讨。

5. 实地调研

实地调研考察的饭店78家，其中包含：国内管理品牌35家，国际管理品牌43家（表1–3）；星级饭店65家，特色饭店13家（表1–4）。

③制服做工是否体现了专业性。

④制服的功能性与各岗位的功能要求是否切合。

⑤制服面料是否体现了环保、舒适性等方面。

表 1–3

地区	国际管理品牌	国内管理品牌	总数量
上海	7	8	15
北京	9	7	16
广东	8	7	15
海南	3	2	5
江苏	9	6	15
陕西	3	1	4
大连	2	1	3
天津	2	1	3
安徽	—	2	2
合计	43	35	78

表 1–4

地区	高星级	其他	总数量
上海	13	2	15
北京	12	4	16
广东	12	3	15
海南	4	1	5
江苏	13	2	15
陕西	4	—	4
大连	3	—	3
天津	2	1	3
安徽	2	—	2
合计	65	13	78

实地走访考察主要侧重于以下几方面：

①制服整体设计与饭店建设装修风格、饭店类型、档次是否匹配。

②制服设计是否具有创新意识。

实地走访挑选了各地具有代表性的国内以及国际品牌饭店进行现场考察。不仅对各岗位现有制服的穿着、使用情况进行了详细观察、讨论，还到饭店洗衣房实地考察了饭店制服的洗涤保养情况。

二、调研问卷结果统计

［问卷 Q1］：

您所在的饭店属于哪种类型的饭店

参与此次全国制服调研问卷调查的饭店共有 312 家，分为商务、会议、度假、主题饭店等类型（多选），分类总结如图 1-1 所示。

对所收集的 312 份有效问卷进行统计整理，归纳为以下几部分。

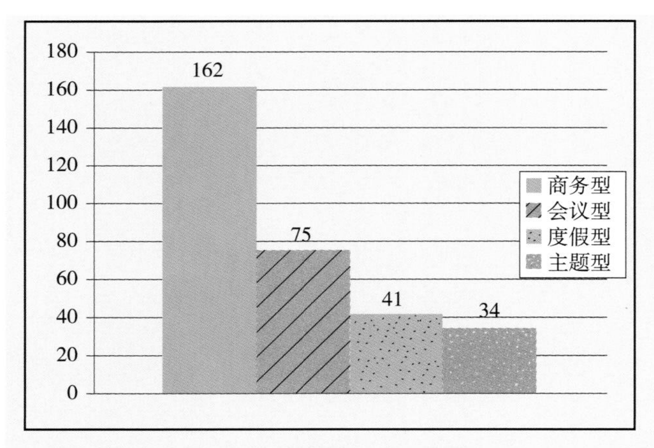

图 1-1

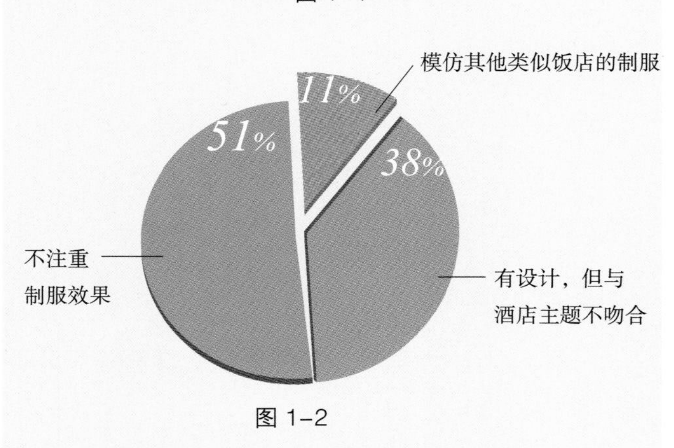

图 1-2

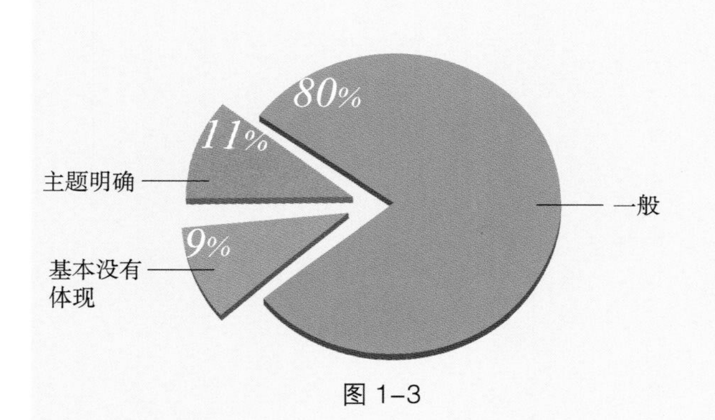

图 1-3

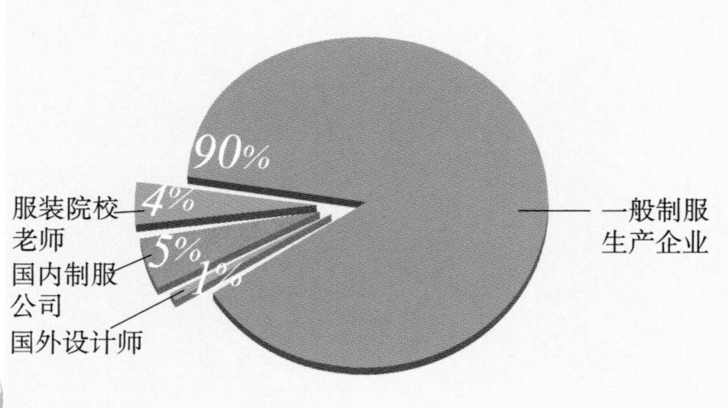

图 1-4

1. 专业设计

饭店制服专业设计主要是考察饭店对于制服选择的实际情况，了解饭店现有的制服是否通过专业设计来完成，是否很好地体现了各个饭店独有的文化以及制服应该具有的审美性和标志性等方面。

[问卷 Q2]：

制服的“专业设计”情况

如图 1-2 所示，在选择制服时，51% 的饭店只注重价格、不注重制服的效果，对于制服的文化性体现考虑不多；另外，有 38% 的饭店是根据自身的企业文化进行专业的制服设计，但是与饭店的主题不吻合；还有 11% 的制服是模仿其他饭店比较成功的制服设计。

[问卷 Q3]：

制服设计中对饭店文化的体现

如图 1-3 所示，大多饭店制服对于饭店文化的体现不到位，只有 11% 的制服明确地体现了饭店独有的文化，还有 9% 的饭店制服基本未体现文化。

[问卷 Q4]：

制服设计团队的选择

如图 1-4 所示，90% 的饭店制服是委托一般制服生产企业来进行设计及制作的，少部分是选择专业的制服公司或与高校老师合作等方式进行制服的设计，个别饭店对制服的设计比较注重，聘请国外设计师进行设计。

[问卷 Q5]：

如何决定制服公司

如图 1–5 所示，在选择制服的时候，有 46% 的饭店是根据总经理的决定选择的，还有 46% 的饭店是根据专业设计师的设计作品决定的，只有 8% 的饭店是按照价格的高低决定的。

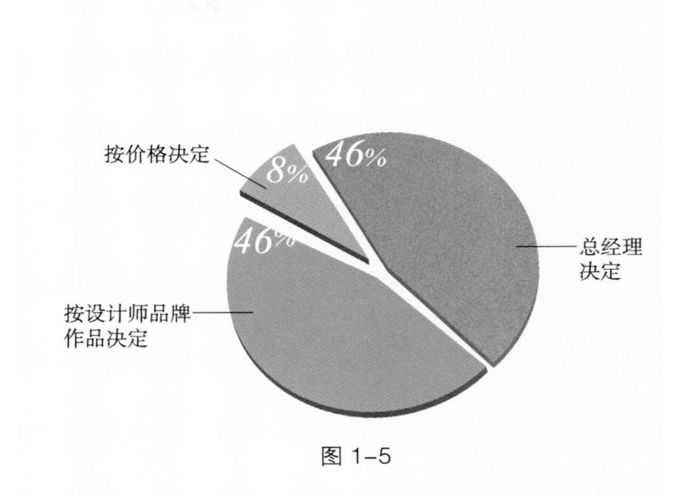

图 1–5

2. 选材与做工

[问卷 Q6]：

制服选材的外观品质

如图 1–6 所示，在制服的面料选择方面存在的问题比较明显。首先，有 45% 的制服用料耐磨性不够，导致在穿着的过程中出现拉丝、起毛等现象；其次，19% 的制服用料色牢度没有达到标准，褪色严重。这些问题都会影响制服日常的穿着效果，进而使饭店的形象大打折扣。只有 36% 的制服在选择面料的时候，使用了外观品质较为稳定的面料，经过洗涤以后没有出现明显的瑕疵。

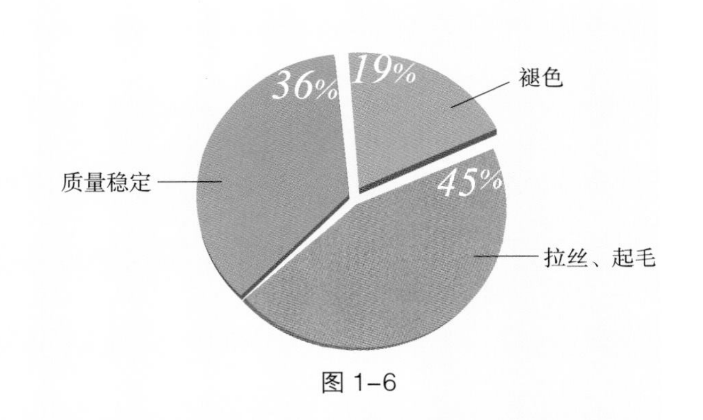

图 1–6

[问卷 Q7]：

制服选材的舒适度

如图 1–7 所示，在制服面料的舒适度方面，40% 的制服用料排汗、透气，穿着较为舒适；另外，44% 的制服用料触感柔软，没有明显的不舒适感，只有 16% 的制服用料穿着不舒适。

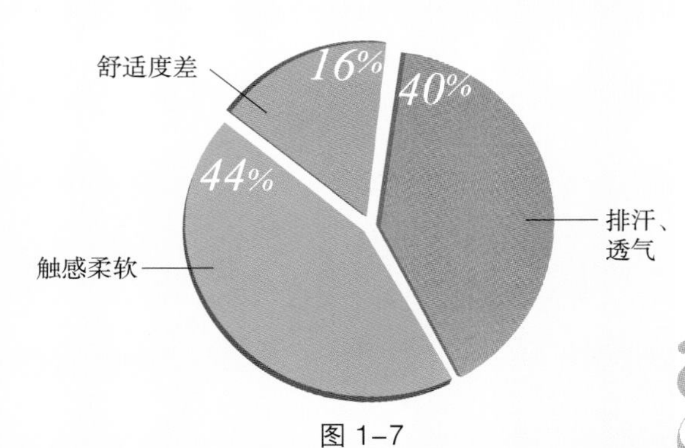

图 1–7

[问卷 Q8]：

制服选材的环保性

如图 1-8 所示，对 pH 值、甲醛、芳香胺染料、异味等环保性 78% 的饭店没有具体要求；有 22% 的饭店环保意识比较先进，选择了新型环保面料。

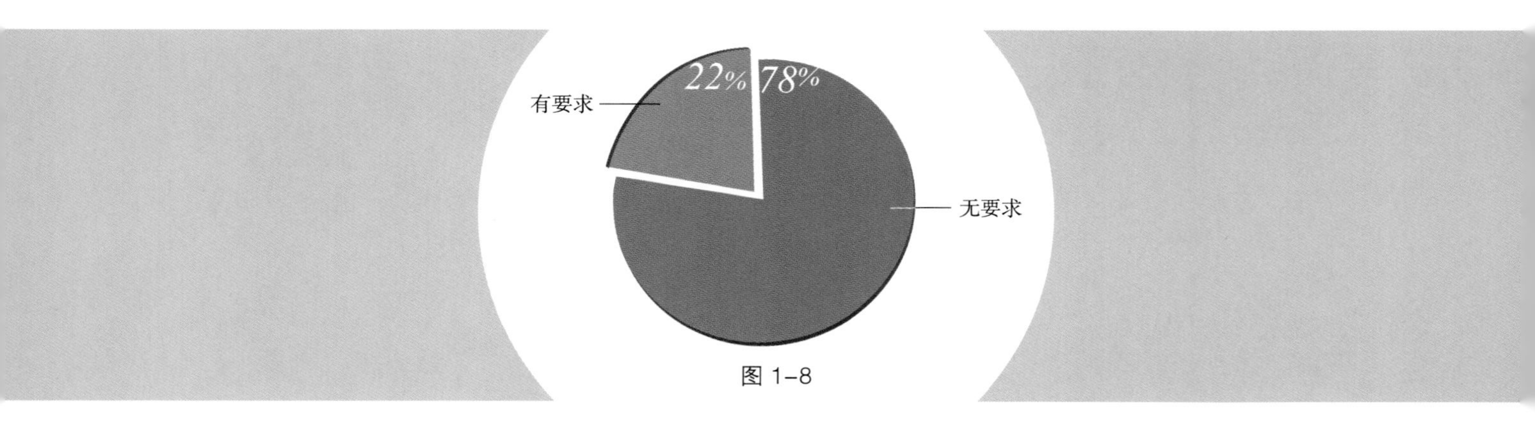

图 1-8

[问卷 Q9]：

制服选材的功能性

如图 1-9 所示为制服的功能性表现，有 43% 的饭店选择抗油易去污的面料，比较关注于制服的实用性以及方便洗涤；有 33% 左右的饭店对于制服功能性方面的要求为防静电；有 16% 左右的饭店要求制服使用阻燃面料；只有 8% 的饭店要求制服要有防酸碱的功能。

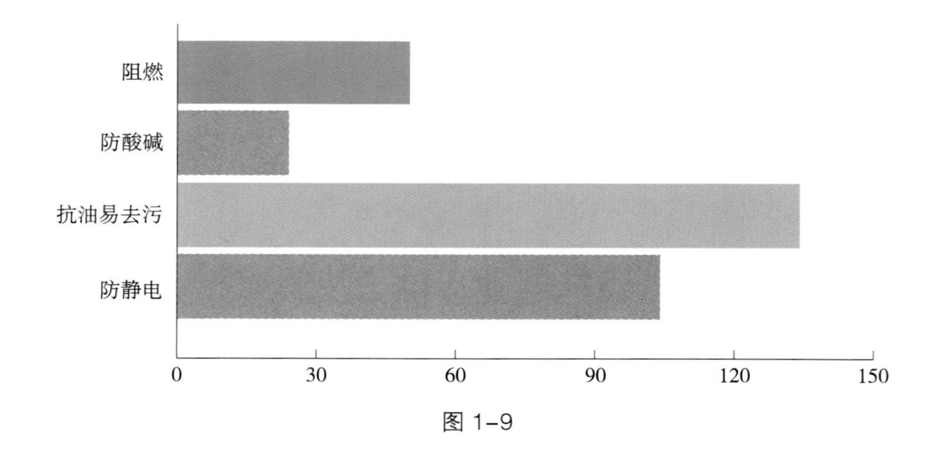

图 1-9

[问卷 Q10]：

制服板型结构合理度

如图 1-10 所示，对于制服的板型结构设计，有 59% 的制服板型一般，可以满足活动、工作的需求，

22% 的制服板型根据人体工程学，在活动幅度较大的部位有加固等合理的设计，还有 19% 的制服板型无法满足工作的需求，服务不便。

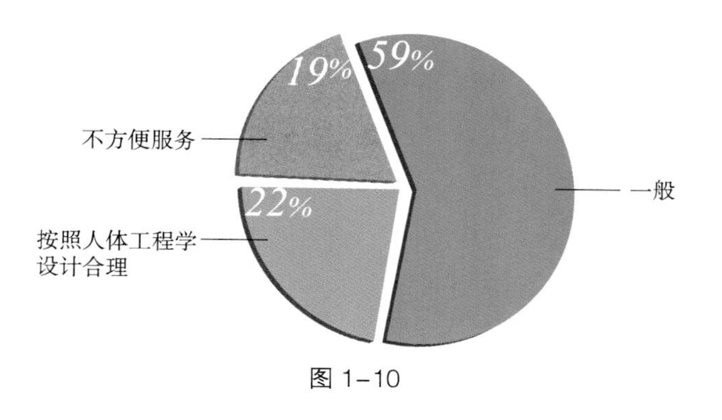

图 1–10

[问卷 Q11]：

制服缝制工艺的精致度

如图 1–11 所示，制服的缝制工艺精致度，将近半数的酒店制服做工一般，只有 16% 的制服做工精致，有 21% 的制服能够做到较为合体、挺括，还有 18% 的制服存在纽扣、配饰等缝制不牢固及细节工艺处理不到位的情况，做工较为粗糙。

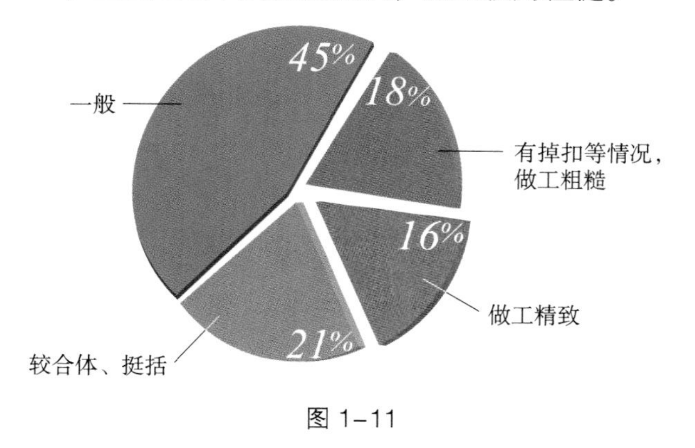

图 1–11

3. 洗涤保养与管理

[问卷 Q12]：

制服是否分冬、夏两季

如图 1–12 所示，大多数饭店的制服是分为冬、夏两季的，少数饭店只有一季制服，极少数饭店将个别岗位的制服分为两季。

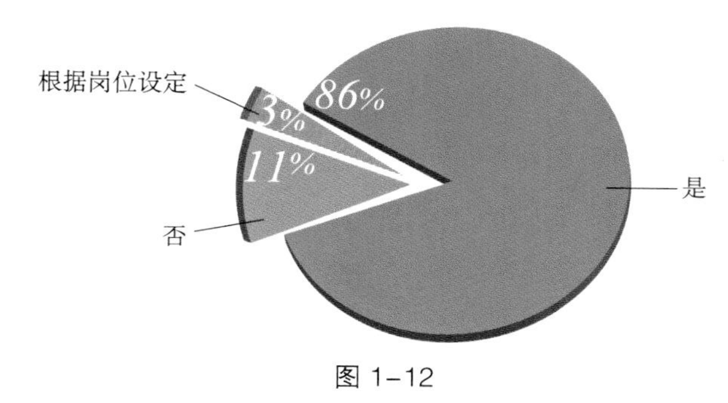

图 1–12

[问卷 Q13]：

制服平均每年洗涤次数（图 1–13）

[问卷 Q14]：

制服换装的周期

如图 1–13、图 1–14 所示，现今饭店制服每年的洗涤次数基本在 150 次以上。参与调研的酒店中，有 256 家饭店前厅部分的制服每年的洗涤次数为 150 ~ 200 次左右，占饭店总数的 82%，少数饭店制服的洗涤次数为 50 次，占总数的 18%；餐厅部分制服每年的洗涤次数明显比前厅部分要高些，79% 的饭店制服洗涤次数为 200 次，18% 的饭店制服洗涤次数为 150 次，极少数的饭店制服洗涤次数为 50 次。关于制服的换装周期，63% 的制服换装周期在 2 年左右，31% 的制服换装周期在 3 年左右，只有 6% 的制服换装周期为 4 年及 4 年以上。

每年的制服预算、换装周期、洗涤次数以及制服是否分两季等都是影响制服穿着效果的因素。制服的价格是每个饭店管理者都非常关心的部分，而正确的洗涤和保养可以延长制服的使用寿命，更好地保持制服外观形象的美观性，而制服分为两季

或三季不仅可以给顾客带来季节性的感觉，更是能够延长制服的使用寿命，更加的环保。

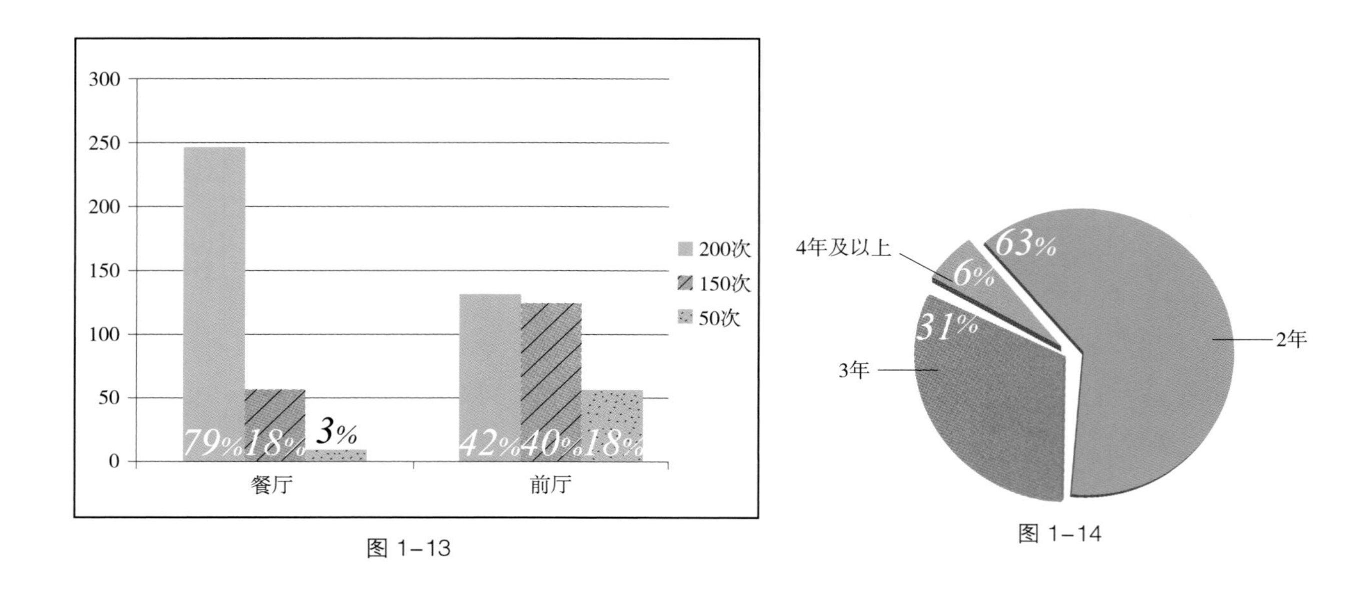

图 1-13

图 1-14

[问卷 Q15]：

对于制服穿着效果的考核

如图 1-15 所示，一半以上的饭店是通过专业设计，按照配套设计要求穿着的，还有 44% 的饭店并没有整体设计，只是根据选择的制服进行搭配随意穿着。饭店统一的形象要求对于体现制服的形象性方面很重要，如果没有配套的专业设计，制服所体现的饭店文化性以及特色将会大打折扣。

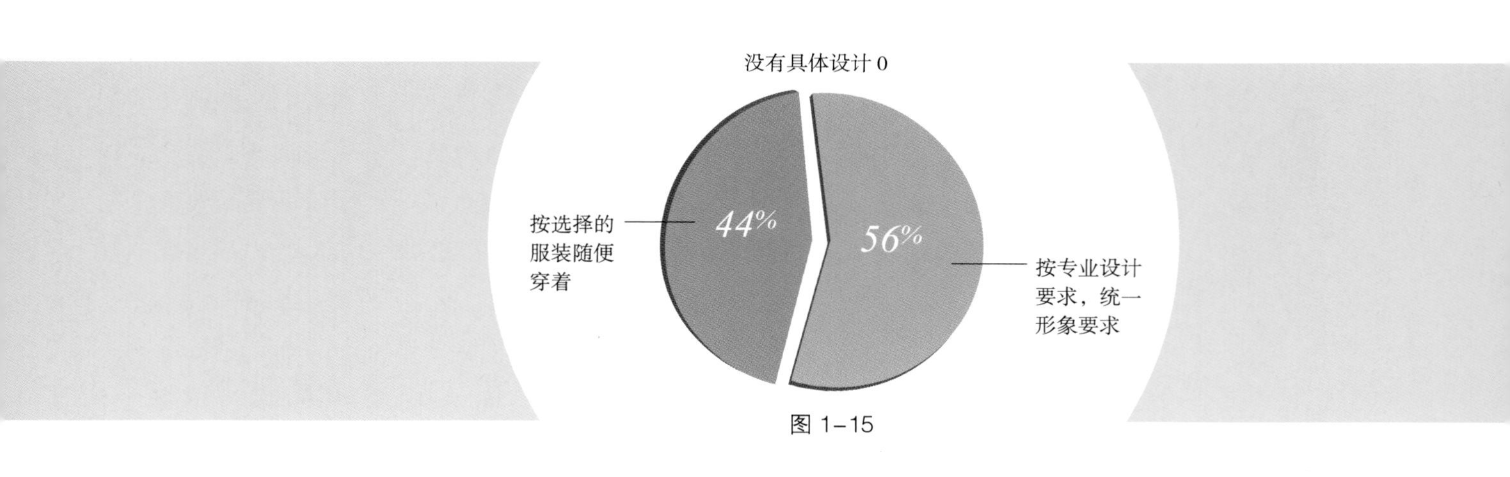

图 1-15

[问卷 Q16]：

员工流动性较大，如何选择制服尺码

如图 1-16 所示，有 44% 的饭店选择了量体定制，有 38% 的饭店选择根据员工的量体数据分为大、

中、小号，只有 18% 的饭店选择按照国家号型标准制定大、中、小号。由于饭店人员流动较大，现有的制服大小选择方式对于人员变动后制服的更换造成了一定的困难，多数制服必须做一些修改才能够再使用。

员工的个体差异以及流动性较大是影响饭店制服循环使用的最大因素。现有的制服大小选择方式在人员流动比较高时就会导致许多制服需要修改或者重新制作，增加了成本的同时还影响了美观性，因此亟待改进。

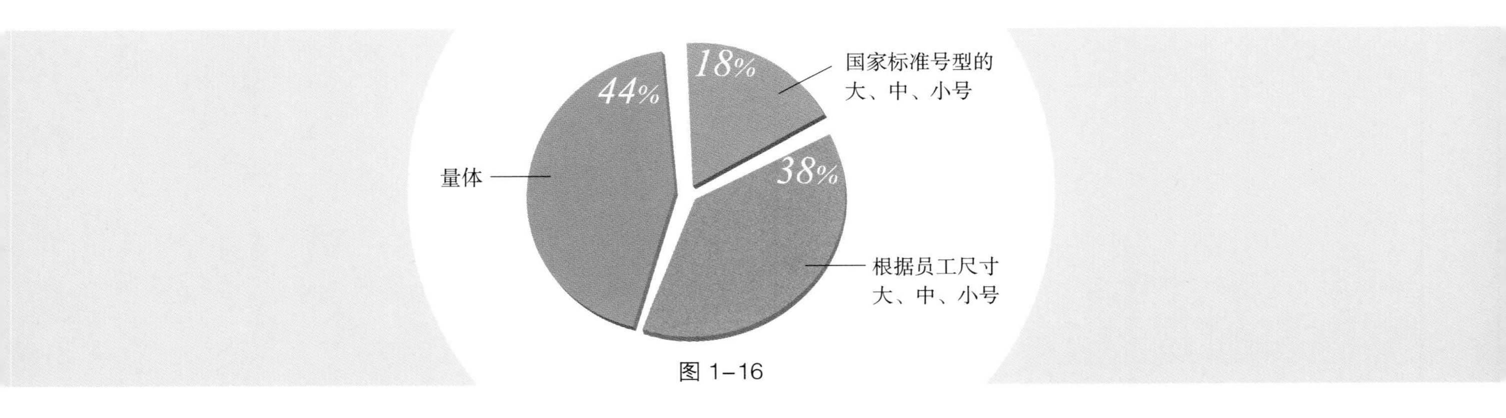

图 1–16

4. 价格

［问卷 Q17］：

现今市场制服实际费用预算情况（以换装周期 2 年为例）

如图 1–17、图 1–18 所示，2012 年度制服采购的平均价位在 430 元左右，其中有 57% 的饭店现有制服价格为人均 450 元，有 27% 的饭店现有制服价格为 350 元左右；心理价位方面，12% 的饭店管理者的心理价位在 350 元以下，另有 28% 的饭店管理者所能接受的价位为 400 元 / 套，28% 的饭店管理者所能接受的价位为 450 元 / 套；此外，只有 16% 的饭店现有的制服价格在人均 500 元以上，然而有 32% 的饭店管理者可以接受制服价格高于 500 元 / 套。

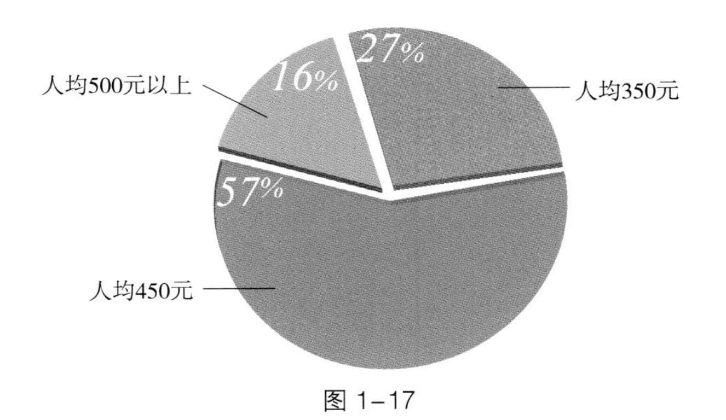

图 1–17

[问卷 Q18]：

能够接受的制服价格定位(人均元/套)(图 1–18)

[问卷 Q19]：

在选择制服中是否愿意为设计的知识产权支付单独的设计费用

如图 1–19 所示，80% 的饭店没有单独的支付设计费用，这说明对于饭店制服设计的知识产权方面，多数饭店都未予以重视。

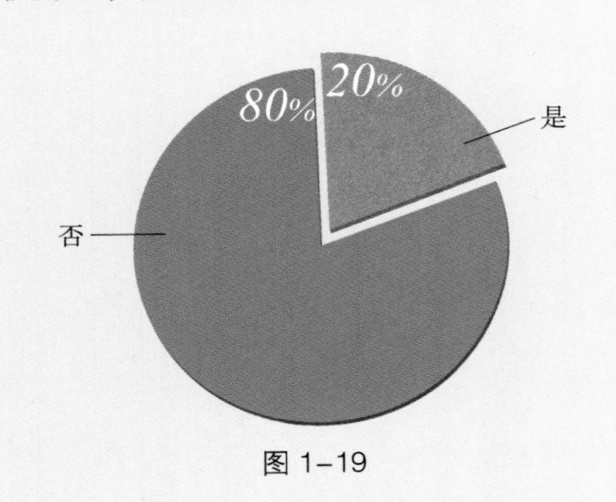

图 1–19

[问卷 Q20]：

在当今形式下，是否愿意对饭店制服进行投入(图 1–20)

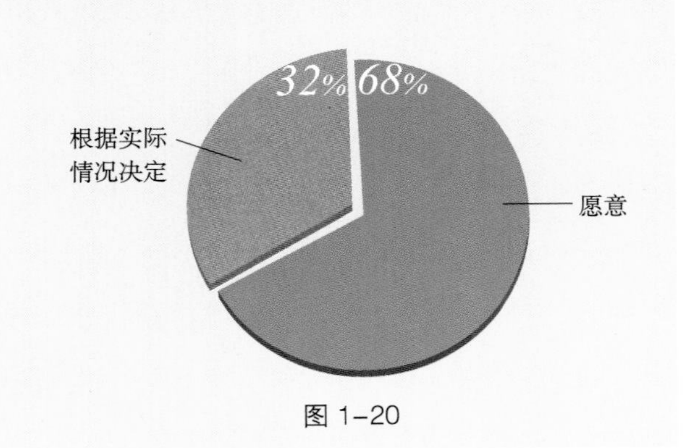

图 1–20

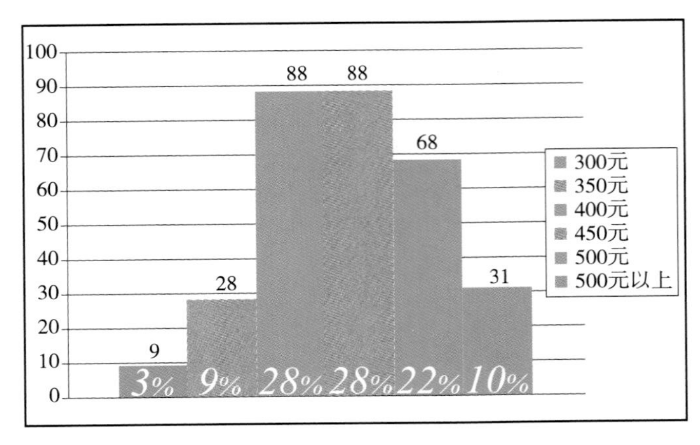

图 1–18

5. 顾客满意度

根据对现场考察的饭店中共 57 份现场调查表的结果，针对顾客对饭店员制服的实际感受进行了询问，其统计结果如图 1–21 所示。

结果表明，有 39% 的顾客对于饭店制服比较满意，认为现有的制服能够提升饭店品牌形象；还有 26% 的顾客认为现在的制服质量有瑕疵，有损饭店的品牌形象；另外 35% 的顾客则是不关心饭店制服与品牌形象的关系，认为二者不相关。

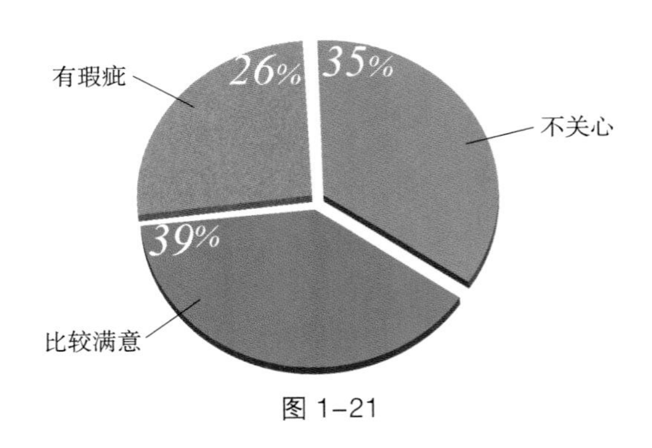

图 1–21

6. 其他

[问卷 Q21]：

饭店管理者对饭店制服现状的认识

如图 1–22 所示，对于现今制服的现状有

36% 的饭店管理者对于现状比较满意；而认为现在的制服缺乏专业培训的管理者占有 45% 的比例；18% 的饭店管理者则认为现在的制服市场无体系、无规范、无标准，需要改进；只有极少数的管理者不关注制服的行情。

[问卷 Q22]：

制服在饭店采购物品中的地位

如图 1-23 所示，绝大部分饭店的制服采购在所有采购品中占有很重要以及重要的位置，只有 17% 的饭店不太重视制服的采购。

[问卷 Q23]：

如何理解“专业设计、选材良好、做工精致”的星评标准

从 2011 年 1 月 1 日起，由中华人民共和国国家旅游局制定的《旅游饭店星级的划分与评定》新版国家标准正式实施，饭店星级复核及评定都依照此标准，饭店制服的“专业设计，选材良好，做工精致”成为星级评定的明确要求。如图 1-24 所示，95% 的饭店都将此标准作为选择制服时必须考虑的条件，只有少数的饭店没有考虑或者不知道新标准中对制服的规定。

[问卷 Q24]：

饭店制服是否有必要建立规范与标准

如图 1-25 所示，90% 饭店管理者认为，饭店制服急需一个统一的规范与标准，便于在实际操作中更好地对制服进行管理。

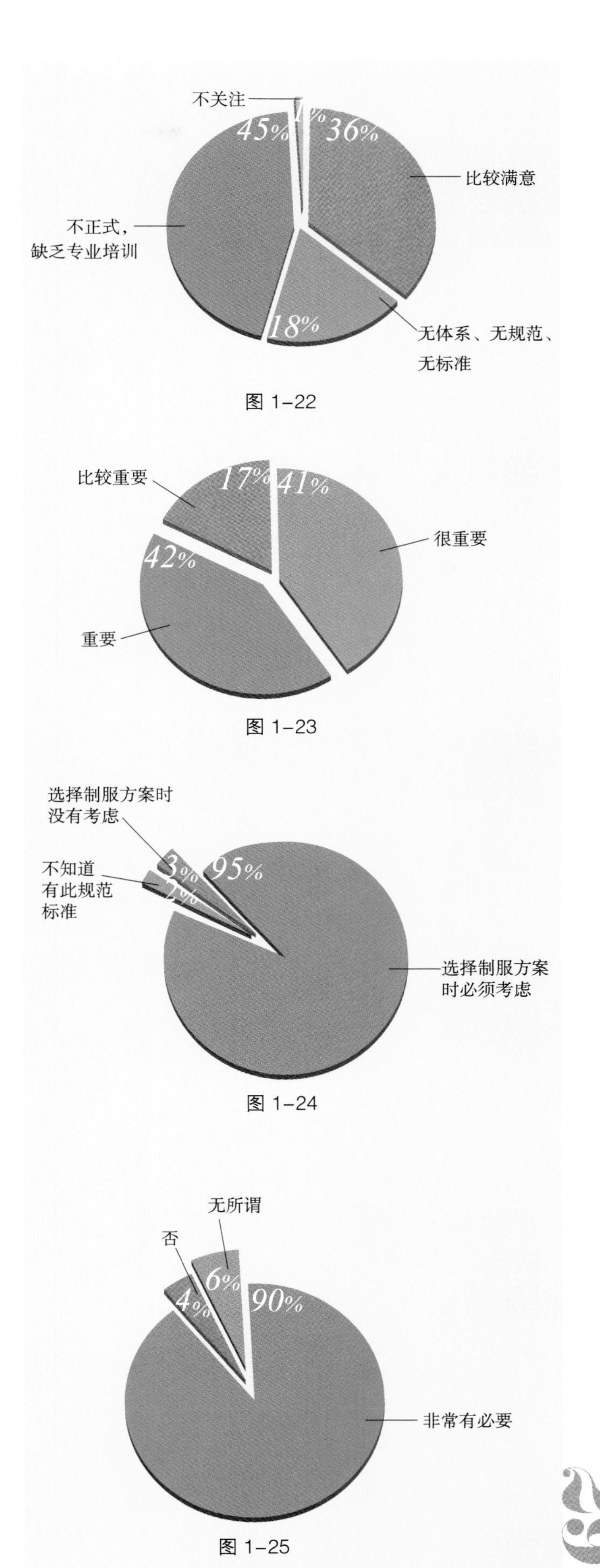

图 1-22

图 1-23

图 1-24

图 1-25

三、饭店制服现状分析

在总结和分析了所有的调研问卷结果以后，结合现场的调研，对现今饭店制服有了一个整体的、详细的了解。总体而言，在制服的专业设计、材料选择、做工情况以及洗涤护理等方面普遍存在着问题，但国际品牌的整体情况优于国内品牌，大城市饭店制服的整体情况优于中等城市，沿海城市的整体情况优于内地城市。

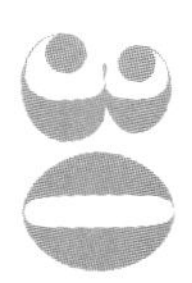

1. 制服设计的专业性不足

在制服设计的专业性方面，少数国际管理饭店的制服设计比较规范、有系统性，企业标识性强，并且在制服的整体穿着效果上对制服、配件以及员工的发型等方面有具体的要求。然而，大部分饭店在制服的专业设计方面都存在问题：

（1）大量的制服未通过专业设计，只是模仿或者直接使用同类饭店的成功案例，没有创新设计，未体现出自己饭店的品牌文化内涵，同质化现象严重。

（2）通过专业设计的制服缺少系统性、对饭店的品牌文化体现不完整，元素应用不连续、杂乱无章。而且设计只是针对了制服本身，对于配饰、发型、妆容等细节方面比较随意，没有根据制服的设计进行配套设计。

（3）与饭店内环境的匹配度不够，给客人带来视觉上的不适感。

（4）设计缺少人性关怀，造成员工不愿意穿着，或穿着后缺乏自豪感。且各个部门制服的质量参差不齐，前、后台岗位差距较大。

2. 制服选材不适用

饭店制服在面料选材上的普遍问题如下：

（1）与饭店的匹配度不够，高星级的饭店制服选用低档面料且无环保要求，造成在穿着的过程中极易出现起球、起毛、钩丝以及褪色等严重影响美观的现象。

（2）面料选择不适应饭店特性，比如：纱类、缎类等面料过多运用，造成服务不便以及功能性上的缺失；衣服上拼接用的纱质花边等使用后极易损坏等现象。

（3）制服面料的选择大多太注重表象，对于制服功能性考虑不足，比如：客房服务人员的制服透气性不好，工作时穿着不舒适；冬季的制服过多采用化纤面料极易起静电，不仅导致裤子贴身等不美观现象，更影响穿着者的健康；工程服要求具有防静电功能、厨工服要求具有阻燃、抗油易去污功能等。另外，对客服务人员与后台服务人员的制服选材差距较大，不均衡。

3. 制服做工不精致

由于制服的规格以及做工等方面在国内饭店制服行业尚无统一标准，致使部分制服出现做工不精细，穿着不合体等现象，影响整体效果。主要问题如下：

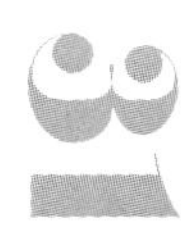

（1）西服的制作工艺不规范，按照一般服装的工艺制作，造成西服的板型以及工艺的缺失，影响最终的穿着效果。

（2）一般员工制服的工艺结构不合理。例如：没有根据人体工程学对一些活动幅度较大或者日常磨损较大部位进行加固等处理，不便于活动和服务。

（3）滚、镶、嵌等工艺细节处理不合理，造成滚边、镶边等在日常穿着的过程中出现起毛、钩丝等现象。另外，滚边、镶边选用的面料与衣身不匹配，洗涤以后出现掉色、染色等现象。

（4）新的制作工艺技术不成熟、面辅料配伍性问题等造成制服粘衬部位在穿着中出现的起泡、领衬起皱等现象。

4. 制服洗涤保养缺乏规范

制服洗涤保养的现状如下：

（1）为了节约成本，对制服的洗涤没有统一的规范与流程，导致制服洗涤时未按要求，出现干洗的服装采用水洗的方式、需要低温洗涤的服装使用高温洗涤等错误操作，造成制服洗涤后出现起壳、起皱、缩水、变形等现象。

（2）洗涤之前未对制服进行分类，白色和浅色服装与有色服装混在一起洗涤，造成洗涤后制服的色泽和质量的变异。

（3）洗涤后没有对制服进行必要的整理，比如：西服以及对客服务类部门的服装洗涤后必须进行整烫等。

（4）制服使用、领用时对制服品质规范的要求没有明确的把关，造成破损严重的制服得不到及时更换，形成疵、损、烂现象的出现。

5. 制服价格制定不够合理

制服的价格问题在此次调研中，是饭店管理者比较关心的一部分，通过调研发现制服价格的现状存在着几方面的问题。

（1）选择供应商时不关注供应商的综合实力，只注重产品价格。

（2）竞标时，采用一般商品竞标条件，没有考虑制服的特性。制服是通过设计来完成的，一般产品的竞标方式没有很好地体现和保护设计的知识产权。

（3）业主与管理方对最终产品价格的认识不同，一般业主方以价格为准，管理方以设计为主，最终由于费用由业主方支付，所以价低者得的现象比较普遍，进而影响产品品质的完美体现。

（4）缺乏对制服优劣的评定参照，不能综合考量制服的设计、选材、做工等方面，最终只能从价格上面来判断。

第二章

饭店制服之专业设计规范

饭店制服作为企业形象视觉识别系统的重要组成部分，除了具有实用功能，更重要的是能通过它的功能性、审美性、标识性等传达出企业文化的种种信息，因而已被越来越多的饭店管理与经营者所重视。

所谓“专业设计”，即由专业设计师基于饭店类别、文化属性、经营理念及核心价值等设计的、能够满足饭店文化诉求，即满足功能、审美以及标识需求的职业服装。

一、功能性

功能性是饭店制服设计中不可或缺的要素，饭店制服作为工作服，首先需要满足穿着者便于工作、方便四肢活动、减少牵制、降低疲劳的需求，同时能使工作人员更易于进入工作状态。制服是常规性的服装，穿着利用率比一般的时装要高，因此舒适度高的面料会给穿着者带来更好的感受，对工作效率也有一定的提高。功能性包括行业操作的便利性以及科学性（图 2-1）。

便利性包括两个方面：一是利用特定服饰使各岗位之间、员工之间便于识别；二是要便于服务，比如：男式西服裤不应做低腰款式，以防在服务的时候出现不雅观的现象，正装西裤的裤脚也不应太窄；马甲不宜太短，穿着时不宜露出裤腰，以免给客人造成视觉上的不适；后台服务人员制服要宽松、舒适、便于工作。

科学性是指一些服装板型结构的合理设计以及功能性面料的使用，工程服要求具有防静电功能、厨房服要求吸湿排汗透气性好，且具有阻燃、抗油易去污等功能。

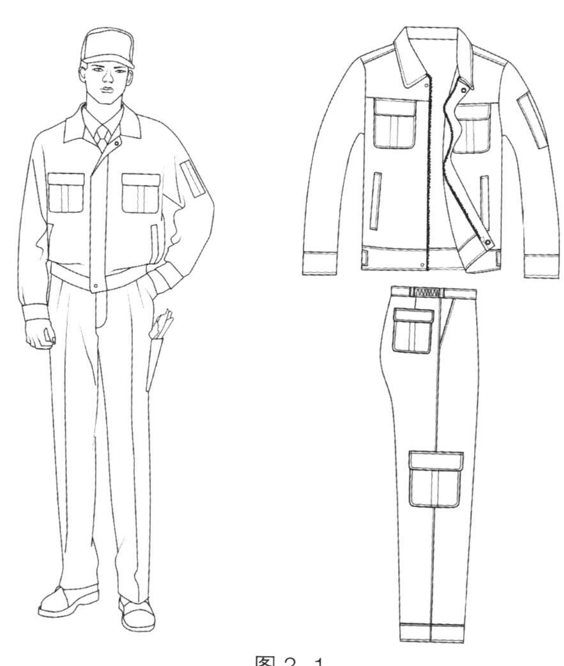

图 2-1

二、审美性

通过专业设计的制服必须要有审美性，具有美感的制服可以美化环境，带给客人赏心悦目的感觉，使顾客心情愉悦获得优质的服务。无论是从客人的角度还是从饭店员工的角度，舒适优美的形象都是让人赏心悦目的。

1. 形象性

形象性是饭店制服设计中最重要的设计着眼点。人靠衣装，饭店也要靠衣装，制服具备传达饭店形象的功能，塑造的形象应该给客人以亲善友好、宾至如归之感。通过专业设计的制服应与饭店的CI定位、环境、星级、整体品位、标识等企业整体形象相结合，传达出企业的文化、经营理念和审美形象（图2-2）。

成功的制服还应该起到一定的视觉营销作用，从饭店制服通常可以判断出关于一家饭店的品位、档

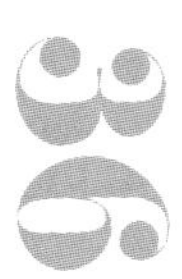

图 2-2

次、风格、管理以及饭店对其在公众中形象的重视程度，增强饭店在社会中的竞争力。

2. 整体性

制服的专业设计并不应该只针对服装本身，还应该包含与服装协调统一的配饰设计，比如：帽子（头饰）、鞋子、袜子、首饰等，甚至是发型、妆容等，要与制服的设计、饭店内环境等相匹配，不能由饭店管理者或员工随意进行搭配，避免出现不协调的因素（图 2-3）。下面为一般饭店的配饰整体性要求（主题酒店等需特殊设计的除外）。

（1）**鞋**：鞋是服装的重要组成部分。一般对于饭店来说，总办、行政人事部、财务部、前厅部、行政楼层、管家部部长级（含）以上人员、西餐部（除洗碗工）、营销策划部、保安部等部门应配发皮鞋。通常，前厅服务人员可配备漆皮皮鞋，礼宾等部门的女员工可适当采用高跟鞋，以便更好地体现形象。其他服务部门女员工的鞋跟高度不宜过高，以方便服务。

房务部楼层服务员、PA 员等部门应配发布鞋，

工程、厨师应配备具有功能性的鞋子。

（2）**袜**：穿皮鞋时不要穿白色线袜或露出鞋帮的有破洞的袜子，也不宜穿毛袜。男员工的袜子颜色应与鞋子的颜色协调，通常以黑色最为普遍。按照传统习惯，女员工应穿与肤色相近的丝袜，必须无花纹（有特殊设计要求的除外），不宜选抽丝、网状等，袜口不要露在裤子或裙子外边。

（3）**帽子（发饰）**：通常情况下，除保安、门童、厨师外，其他饭店服务员不宜戴帽子，女员工不戴色彩艳丽的发饰，发卡须为黑色或深色。

（4）**首饰**：男员工尽量佩戴款式简单的手表；已婚人士允许佩戴一枚戒指（厨房员工除外），女员工只可佩戴简单款式的手表及一串项链，项链最好根据设计进行统一（项链不可露出制服外）。

（5）**发型和妆容**：饭店必须注重对不同岗位员工的妆容、发型以及气质的培训与学习。头发整洁、发型大方是个人礼仪对发式美的最基本要求。对于饭店服务人员，在为自己选择发型时，首先必须优先考虑自己的职业，必须选择与自己身份相符的发型，切忌发型过分时髦，标新立异。饭店男员工头发长度要适宜，前不及眉，旁不遮耳，后不及衣领，不能留长发、大鬓角，不允许留络腮胡子和小胡子。饭店女员工一般不宜梳披肩发，长发应扎起来或盘成发髻。头发亦不可遮挡眼睛，刘海不及眉。化妆美容是现代人自我美化仪表仪容的重要途径，对饭店员工来说，适当的外貌修饰，会使自己容光焕发，充满活力。不过，饭店员工不宜过分打扮，宜淡妆，整个面部色彩要协调、自然。化妆在遮盖不足时，尽量做到自然而无明显的修饰痕迹，过分地修饰，会在宾客面前造成娇艳的印象，从而影响宾客的心理情绪。所以饭店员工的外貌修饰应规范，淡雅自然即可。

（6）**其他**：穿制服时要佩带工号牌，无论是哪一个具体部门的员工，均应把工号牌端正地佩带在左胸上方。西服上衣外面的口袋原则上不应装东西，左胸袋可插一条颜色相协调的手帕，不要乱别徽章，装饰以少为宜。领带的宽窄随西装领及其衬衫领的宽窄而变化，以平衡协调为宜。领带的长度一般要到腰部，如果未穿西装马甲，领带长度至腰带上沿附近。系好后，应自然下垂，宽片在前，且长于窄片。

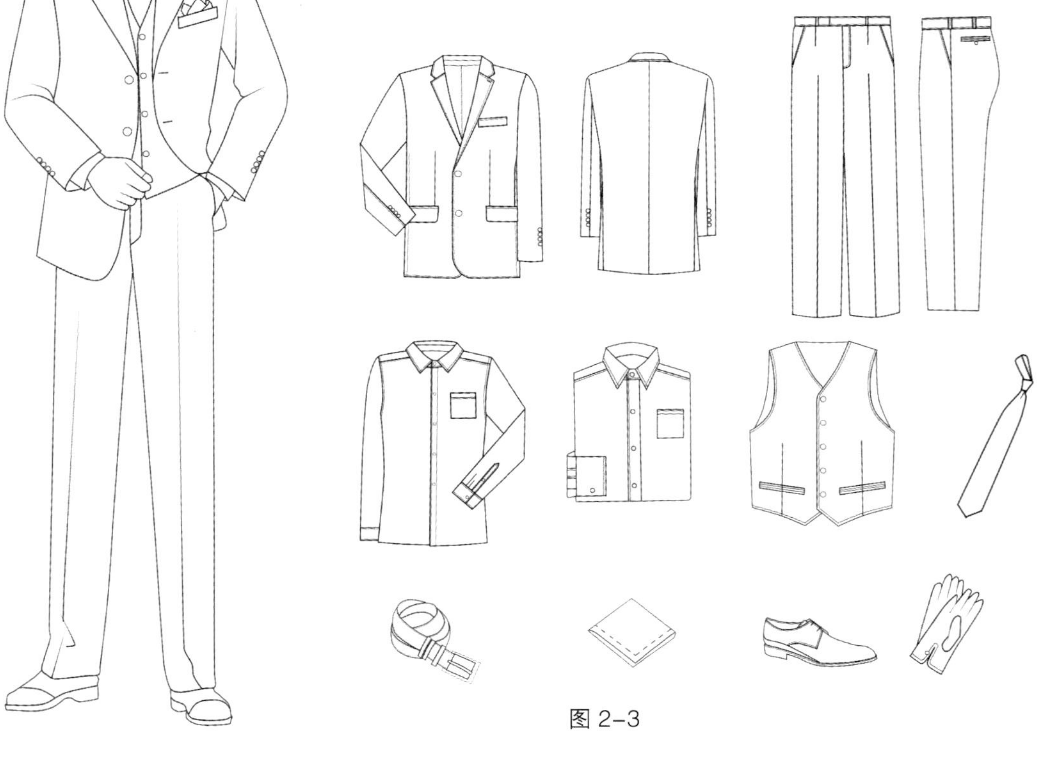

图 2-3

三、标识性

标识性是饭店制服设计中很重要的一部分，一般包括以下三部分：

（1）不同部门、不同岗位员工制服的可识别性。例如前厅部服饰与客房部服饰的区别，又如同为厨师服，不同的帽子的形状和高度、衣扣的颜色和数量，分别代表了厨师不同的身份和地位（图2-4）。

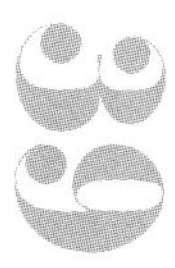

图 2-4

（2）员工服饰与客人服饰的可识别性。任何一个进入饭店的人都可以从服饰中区分出饭店员工与进店客人。这就要求饭店员工的制服不能太时装化。

（3）管理人员和服务人员的服饰要有明显区别。

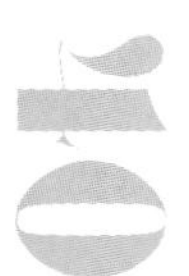

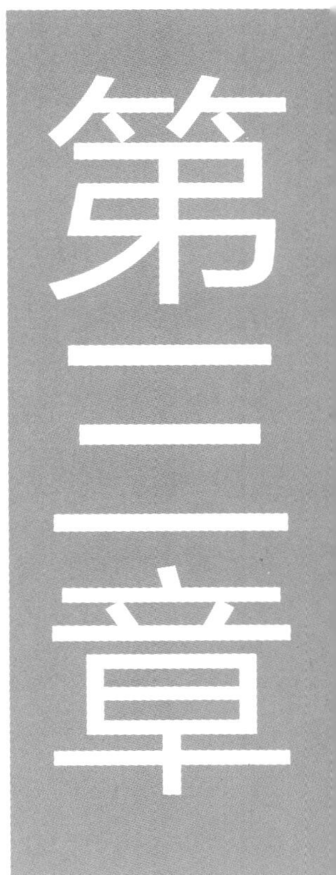

第二章 饭店制服之选材规范

面料作为表现制服整体形象的重要组成部分，有着举足轻重的地位。面料选择是否正确、恰当直接影响着制服的整体形象。现有的饭店制服在面料的选择上，出于成本的考虑大多得过且过，特别是不能很好地选择符合各岗位特点的面料：起皱、拉丝、褪色等成为普遍问题。

对于饭店制服面料的选择，要做到规范、标准和创新。

（1）**面料使用做到规范：**前厅服务人员与管理人员制服的用料要规范，要与饭店的档次以及定位相匹配，主要以毛料为主或使用与毛料品质相似的其他面料，以体现相应的品质感，与饭店档次相匹配，不能因为节省成本而使用其他劣质、无品质感的面料。另外，面料的选择要与制服的标识性相匹配。

（2）**面料使用达到标准：**在面料的印染加工过程中，会使用一些化学染料及助剂。为此，国家在2010年出台并发布的GB 18401—2010《国家纺织产品基本安全技术规范》，对面料的甲醛、pH值、偶氮、异味等相关指标有明确的规定。不仅要达到健康的标准，还要达到功能性的标准。一线服务人员的制服用料需满足其岗位应该具有的功能性，总体用料以化纤混纺面料为主，也可适当地应用新型功能性面料，但是功能性方面须符合相关标准，在满足功能性的前提下再创新。

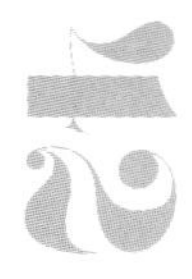

一、饭店制服面料的选择与应用

1. 常用面料

（1）毛织物：

① 精纺毛：采用精梳毛纱织制。所用原料纤维较长而细，梳理平直，纤维在纱线中排列整齐，纱线结构紧密。品种有花呢、华达呢、哔叽、啥味呢、凡立丁、派力司、女衣呢、贡呢、马裤呢和巧克丁等（图 3-1）。多数产品表面光洁，织纹清晰。

② 混纺毛：毛混纺织物是羊毛同其他如棉、麻等天然纤维以及涤纶、黏胶、腈纶、锦纶等化学纤

维一起制织而成的产品，如毛涤混纺织物，这类织物不仅具有毛织物的特性，又有涤纶织物的特点，所以不易起皱，易于养护、保管。

混纺毛织物外观光泽自然，颜色莹润，手感舒适，重量范围广，品种风格多。用它制作的衣服挺括，有良好的弹性，不易折皱，耐磨，吸湿性、保暖性、拒水性较好。面料外观具有柔和、沉着、稳重等特点。采用此类织物制作的服装不易变形，既平稳又有力度，多适合饭店中具有权威感的岗位制服，同时也是冬季制服的首选面料。

图 3-1

（2）**涤棉混纺织物**：全棉面料柔和贴身，吸湿性好、透气性好，但易缩水、易皱，外观上不大挺括美观，平时打理起来不是很方便，不适合制作制服。因此，制服多选用涤棉混纺面料，既突出了涤纶的优势又有棉织物的长处，做到在干、湿情况下弹性和耐磨性都较好，尺寸稳定，具有挺拔、不易皱、易洗快干等特点，适合制作夏季制服以及对透气性、吸湿性要求较高的服务人员的制服，使制服的整体质量更上了一个层次（图 3-2）。

图 3-2

图 3-3

（3）**麻织物**：麻的种类很多，苎麻、亚麻、罗布麻经过适当加工处理可织成高档衣料。麻织物的强力和耐磨性高于棉布，吸湿性良好，抗水性能优越，不容易受水侵蚀而发霉腐烂，对热的传导快，穿着具有凉爽感。由于麻织物的特点使麻布坚牢耐穿，爽括透凉，成为夏季理想的纺织品。麻织物没有棉织物那样柔软，染色性和保形性也不及棉织物，但麻织物的韧性、耐磨性优于棉织物，且具有优良的耐腐蚀性。麻纤维的抗水性能优越，不容易被水侵蚀而发霉腐烂，这是棉织物所不能比拟的（图 3-3）。

（4）**化纤织物**（图 3-4）：

① **人造纤维**：人造纤维又称再生纤维，是以天然聚合物为原料，经过人造加工再生获得的纤维。根据人造纤维的形状和用途，分为人造丝、人造棉和人造毛三种。主要品种有黏胶纤维、醋酸纤维等。普通黏胶纤维吸湿性好，易于染色，不易起静电，有较好的可纺性能。可以纯纺也可以与其他纺织纤维混纺，织物柔软、光滑，透气性好，穿着舒适，染色后色泽鲜艳、色牢度好。适宜于制作内衣、外衣和各种装饰用品。

② **合成纤维**：合成纤维种类繁多，应用在饭店制服中的合成纤维主要有以下两种。

聚酯纤维：在我国的商品名为涤纶，是当前合成纤维的第一大品种。涤纶具有许多优良的纺织性能和服用性能，用途广泛，可以纯纺织造，也可与棉、毛、丝、麻等天然纤维或其他化学纤维混纺交织，制成花色繁多、坚牢挺括、易洗易干、免烫和洗可穿性能。它有优良的耐皱性、耐日光、耐摩擦、不霉不蛀的性能，同时有较好的耐化学试剂性能，能耐强酸、

弱碱等优点。

锦纶纤维：俗称尼龙，它的耐磨性能是所有纤维中最好的，并且耐冲击，弹性回复性能、耐疲劳性能也比其他纤维好，但它的热收缩率大，容易变形，做外衣保形性能差，容易起毛球，日晒易变黄。故锦纶不宜单独作为外衣面料。

图 3-4

2. 饭店制服面料的应用

饭店的部门设置是根据经营需要设置的，每个饭店不尽相同，可以总结为对客服务人员、后台服务人员以及管理和行政人员三大类。这些主要部门中，前厅部和餐饮娱乐部为对客服务人员，需要直接面对顾客服务的，是饭店形象的窗口；客房部、工程部以及管理和行政部门不需要直接面对顾客服务，属于后台服务人员。由于服务性质的不同，各部门各岗位的制服对于款式、面料设计都有不同的要求。

选择制服面料时，针对不同岗位作不同的选择，面料种类、面料成分和选择上都应有详细规定。依据工种和职务不同，需考虑各种面料的特性是否符合岗位要求，在制服选料时须细分对待。

前厅部也称大堂部，是饭店经营与管理的神经中枢，是饭店为宾客提供接待和服务的窗口。负责招徕并接待宾客、销售饭店客房以及餐饮娱乐等服务产品、沟通与协调饭店各部门、为客人提供各种综合服务的对客服务部门，是宾客进入饭店之后，接触饭店的第一视觉点，属于饭店的门面，是饭店整体形象设计的重要组成部分。门童、行李、礼仪、前厅服务员、接待一般选用毛料或混纺毛类面料，常以混纺毛面料为主，挺括、富有色泽、垂性好、洗涤后不变形为主要标准（表 3-1）。

表 3-1

前厅部	
适用岗位	保安、门童、行李、接待、大堂副理、商务中心等
服装用料要求	服装面料要求挺括、平整、不易变形、不易起皱、易洗涤
面料特性	常选用混纺毛料织物，如：毛涤混纺织物，这类织物不仅具有毛织物的弹性、挺括性，又有涤纶织物的洗可穿特点，所以服装不易起皱，易于养护、保管，不褪色，不起毛

餐饮部包括各个餐厅的服务人员以及后厨人员。餐厅类服务员，材质以化学纤维类织物较好，要穿着舒适，不易皱、缩水率小，色泽明快、不拉丝、垂性好，污渍易洗不变形等（表 3-2）。

表 3-2

餐饮部	
适用岗位	中餐厅、西餐厅、风味餐厅、宴会厅、酒吧、咖啡厅等
服装用料要求	防静电、易洗、透气性、有良好的垂感、不易皱
面料及特性	化纤、化纤混纺或者麻纱类面料，这些面料垂性较好、挺括，富有色泽、穿着舒适、不易皱、缩水率小且便于洗涤

厨师服装在功能性方面的要求比餐厅一般服务员服装更有针对性，因此厨师服的选择材质主

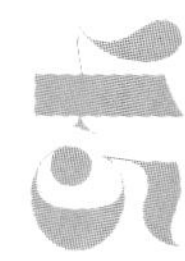

要以全棉或涤纶混纺类面料为主，具有坚固、耐磨、耐脏、易洗，同时具有防静电、阻燃、抗油易去污等功能（表3–3）。

表 3–3

厨师	
服装用料要求	吸湿透气性好、阻燃、抗油污、防酸碱、易洗涤
面料及特性	以全棉或涤纶混纺类面料为主，具有坚固、耐磨、耐脏、易洗，同时具有防静电、阻燃、抗油易去污等功能

管理人员通常分A、B、C级，选择毛料的时候因级别不同对制服毛料的含毛量要求也不同。也可选择与毛料品质感相似的其他面料（表3–4）。

表 3–4

管理和行政类	
适用岗位	管理人员、财务、宴会预定、总机、文员等
服装用料要求	服装面料要求挺括、不易变形，既平稳又有力度
面料及特性	常选用混纺毛料织物，如：毛涤混纺织物，这类织物不仅具有毛织物的弹性、挺括性，又有涤纶织物的洗可穿特点，所以服装不易起皱，易于养护、保管，不褪色，不起毛

客房部作为饭店营运中的一个重要部门，是饭店经济收入的主要来源部门之一，负责饭店客房服务、洗衣服务、清洁服务等工作。因此，客房服务员服装的选择材质主要以化纤混纺类面料为主，具有耐磨性好，尺寸稳定，挺拔、不易皱、易洗快干等特点，同时具有吸湿、透气性、防静电等功能，能够最大限度地方便他们服务（表3–5）。

表 3–5

客房部	
适用岗位	客房服务、客房清扫、管家部、布草房、洗衣房等
服装用料要求	具有吸湿、透气性、防静电、耐脏、易洗等功能
面料及特性	客房服务员服装的选择材质主要以化纤混纺类面料为主，具有耐磨性好，尺寸稳定，挺拔、不易皱、易洗快干等特点

工程服选择材质多以防静电、坚固、耐磨、耐脏、易洗的化纤混纺类面料，特别要注意制服的安全性（表3–6）。

表 3–6

工程部	
服装用料要求	具有防静电、阻燃、抗油、易去污等功能
面料及特性	工程服选择材质多以带防静电功能的功能性面料，坚固、耐磨、耐脏、易洗的化纤混纺类面料

二、新型环保面料的选择与应用

新型面料是指通过纤维、纺纱、织造、染整、面料设计开发五大技术，改变传统面料的外观、手感和功能性等特征，使面料表现出传统与现代，民族与国际，技术与艺术，天然与合成，环境与自然的结合，满足人们对自然、舒适、美观、健康的需求。

1. 工艺的创新

使用传统织物，通过新型的加工整理方法，比如数码印花、烂花、提花等手法的搭配使用，形成新的富有肌理的面料，应用于制服的设计中丰富了视觉感官效果，令人耳目一新。

（1）**数码喷墨印花**：数码喷墨印花简称数码印花或喷墨印花，是一种全新的印花方式，它摒弃了传统印花需要制版的复杂环节，直接在织物上喷印，提高了印花的精度，实现了小批量、多品种、多花色印花，而且解决了传统印花占地面积大、污染严重等问题，因此具有广阔的发展前景（图 3–5）。

（2）**烂花工艺**：烂花是一种印花工艺，亦称透明加工、腐蚀加工，日本称为碳化印花（图 3–6），是在梭织布和针织布上进行的印花加工。烂花布通常采用由两种纤维组成的织物，其中一种纤维能被某种化学品破坏，而另一种纤维则不受影响；因此可用某种化学品调和成印花浆料印花，再经过后处理，使其中一种纤维被破坏，不被破坏的纤维便形成特殊风格，就成为透明格调的烂花织物。

图 3–5

图 3–6

2. 原料的创新

（1）**散热降温纤维**：以具散热凉感的天然矿物质为初始原材料，以国际领先的材料制作工艺生产，并具有散热比吸热快的功能。适合制作室内夏装，在穿着过程中可保持 1 ~ 2℃的温差，夏天将室内的空调调高 1 ~ 2℃后还可保持穿着的舒适性。由于空调制冷设定温度越低耗电量越大，所以，调高 1 ~ 2℃可省电 6% ~ 12% 的耗电量，可以有效减少碳排放，符合国际的低碳消费概念。

（2）**循环再生面料**：以废旧聚酯、废丝、废旧服装为初始原料，以世界领先的循环再生技术在国内开展具有特殊性能的涤纶纤维的生产，这种新材料将具有比传统材料更为优异的性能，是一种具有吸汗速干等多种附加功能的功能性纤维，可被广泛应用于酒店制服市场。这种新材料将优越的审美性和卓越的功能性进行完美融合。

（3）**聚酰胺酯纤维（仪纶）**：聚酰胺酯纤维（仪纶）作为超仿棉纤维中的综合属性突出品种，通过分子设计和构建，兼具天然纤维和合成纤维的优势，看起来像棉（视

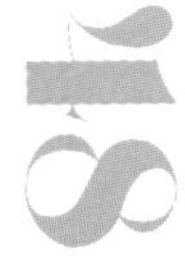

觉）、摸起来像棉（触觉）、穿起来像棉（亲和性、舒适性）、用起来比棉方便（洗后易干），有仿棉似棉、仿棉胜棉的优良特性。用聚酰胺酯纤维（仪纶）与棉制成的混纺面料具有纯棉面料的手感，但比纯棉面料挺括，不像纯棉面料需要进行熨烫处理，同时抗起球性、透气性、柔软性优于化纤混纺面料。

3. 功能的创新

随着现代科技的渗透，一些新开发的新型排汗、阻燃、抗静电等功能性面料逐渐投放市场，使用新型面料既可延长饭店制服的经济寿命，又可焕发饭店制服设计的新的生命活力。

（1）**防静电面料**：在日常生活中，我们通常会遇到因静电而引起的电击并产生火花等现象，造成见面握手、拉门把手、开车门、开水龙头等时发生电击现象。

制服面料不抗静电，会造成以下问题：①静电会将服装或裙子吸附在身体上，而影响员工的着装形象；②静电会带来服装吸尘现象；③经权威机构验证：人体产生的静电干扰可以改变人体体表正常的电位差。人体长期在静电辐射下，会产生焦躁不安、头痛、胸闷、呼吸困难、咳嗽等症状。

防静电面料（图3-7）不仅适用于饭店的工程部制服，也适用于全酒店服务员的服装。

图3-7

目前防静电工作服在欧美、日本等发达国家较为普及，近年来，在国内的电子、制药等行业也逐渐普及。防静电功能执行标准：中国标准GB/T 23316—2009《工作服　防静电性能的要求及试验方法》GB 12014—2009《防静电服》，德国标准DIN EN 1149—1：2006《防护服　静电性能　第1部分：表面电阻测量试验方法》，DIN EN 1149—3：2004《防护服　静电性能　第3部分：测试电荷衰减的试验方法》，DIN EN 1149—5：2008，《防护服　静电性能 第5部分：材料性能和设计要求》，日本标准JIS T 8118—2001《静电危害防护工作服装》。

（2）**抗油易去污面料**：酒店的工程、餐饮、厨房等岗位，经常会与水、油、污染物有接触，员工的制服容易沾染上以上污垢，且不易洗涤。不仅影响着装形象，同时给服装洗涤带来难度。抗油易去污面料主要为涤棉混纺面料，经过特殊工艺处理，沾油而不侵，遇水而不渗，在洗涤时比普通面料更容易去除面料表面的污渍（图3-8）。目前已在欧美、日本的餐饮、工程等行业中广泛使用，并克服了透湿与抗油拒水的矛盾，具有良好透气、透湿性能，穿着舒适。抗油易去污执行标准：中国标准GB/T 28895—2012《防护服装　抗油易去污防静电防护服》，美国纺织化学测试标准AATCC 118—2013《排油：耐烃试验》。

（3）**阻燃面料**：在酒店的建设与装修工程

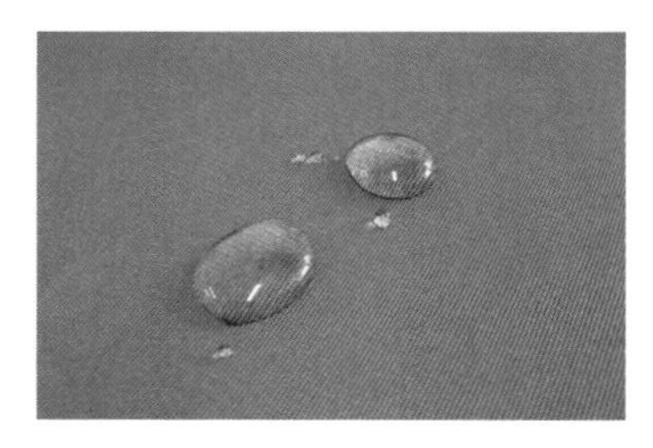

图3-8

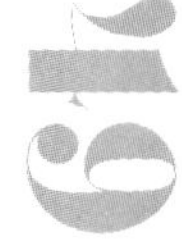

中，我们知道必须要在每层设置消防栓、防火门、火灾报警、喷淋灭火装置、排烟装置等，每个房间还要铺设有阻燃标识的阻燃地毯、家具、窗帘等，从此看出酒店对于预防火灾的重视，在条件允许下给员工配备具有阻燃功能的制服，在发生火灾时给员工提供逃生机会及有效避免可能产生的对人体的二次伤害。该面料适用于高层酒店，酒店厨房等岗位（图3-9）。阻燃服装执行标准：中国标准GB 8965.1—2009《防护服装　阻燃防护》、欧洲标准EN 11611《焊接操作过程中操作工身着的防护服阻燃标准》/EN 11612《高温环境下操作工人防护服防护服阻燃标准》（不适用电焊工服装及消防服装）、美国NFPA 2112《阻燃防护服测试标准》。

（4）**亲肤舒爽面料**：如果长时间在闷热潮湿的环境中工作，制服上会因潮湿造成细菌和病菌滋生。如果皮肤有损伤，就很容易感染，继而出现各类湿疹、癣疾、荨麻疹等皮肤病，衣服也会发出霉变的污浊气味，令人难受。

该面料特别适合制作如广东、海南等潮热地区酒店的夏季制服。在湿热环境中可以快速把身体排出的汗液吸收到面料表层并蒸发，保持皮肤干爽，同时面料含有的棉纤维与皮肤接触，使身体倍感舒适。适用于厨房、客房、工程等劳动强度比较大的岗位（图3-10）。

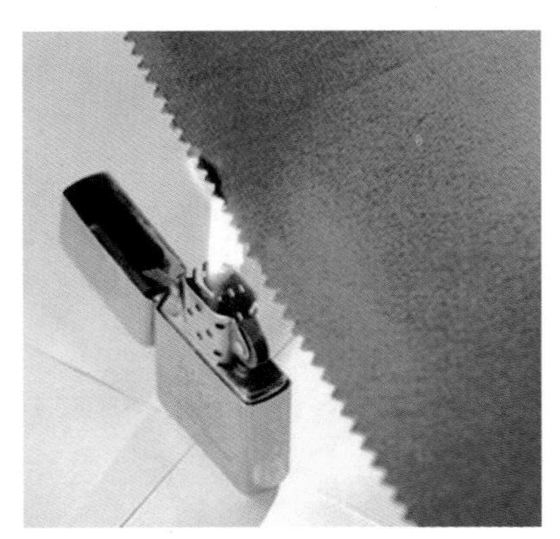

图3-9

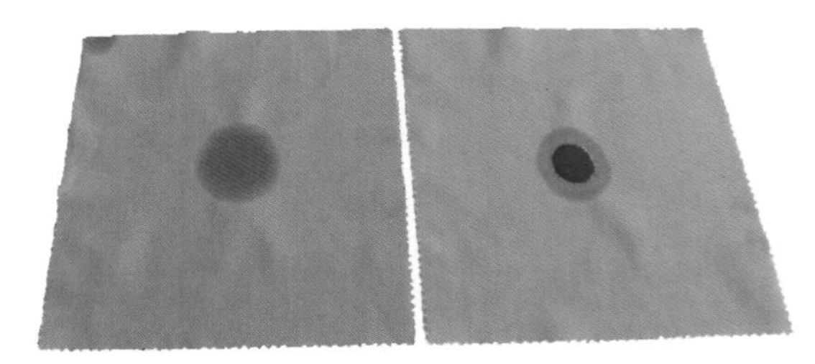

图3-10

第四章

饭店制服之做工标准

通过此次调研不难发现，现有制服在做工上，普便存在粗糙欠精致的现象，尤其是裙开衩部位、上衣的腋窝处以及拉链、扣子等这些容易被人忽视的细节之处，往往会成为饭店制服致命的败笔，所以，饭店制服胜在细节、胜在精致。

板型是制服设计效果表达的直接载体，好的板型能为制服在穿着效果上起到锦上添花的作用。因此，板型应该针对不同的饭店进行原创，并兼顾以下三方面。

（1）科学性：制服应该结合人体工程学，按照不同地域、不同人种分别制板。例如：南方饭店其员工的身材与北方饭店员工相比，呈现出娇小瘦弱的特点，而北方饭店在设计冬装时不会像南方的饭店要求那么合体，一般都希望多加放松量，以便能够穿着较厚的内衣；有些部门的制服由于功能性以及服务便捷的需求，要有针对性的板型设计。

（2）原创性：制服的板型除了要适合不同地域、不同人种的体型以及功能性要求，还要根据不同风格的饭店制服来调整，因此所有饭店不论地域、风格通用一套板型的情况已经不能满足饭店的需求了。

（3）细节体现品质：精湛的制作工艺可以使制服达到精致、有品位的效果，就像时装中最高档的西服都是纯手工缝制的一样。工艺的要求往往体现于细节，饭店制服的工艺品质要与饭店的星级相匹配。

一、女装

1. 西服

女西服效果图如图 4-1 所示，其外观质量标准见表 4-1。

图 4-1

表 4-1

序号	部位	外观质量标准
1	领子	领面平服，领窝圆顺，左右领尖不翘
2	驳头	串口、驳口顺直，左右驳头宽窄、领嘴大小对称
3	止口	顺直平挺，门襟不短于里襟，两圆头大小一致
4	前身	胸部挺括、对称，面、里、衬服帖，省缝顺直
5	袋、袋盖	左右袋高低对称，袋盖与袋宽相适应，袋盖与衣身花纹相一致
6	后背	平服
7	肩	肩部平服，表面没有褶，肩缝顺直，左右对称
8	袖	绱袖圆顺，吃势均匀，两袖前后、长短一致
9	商标、号型标	商标位置端正，号型标志清晰，号型标志钉在商标下沿
10	整烫	各部位熨烫到位，平服，无亮光、水花、污迹，底边平直

2. 衬衫

女衬衫效果图如图 4-2 所示，其外观质量标准见表 4-2。

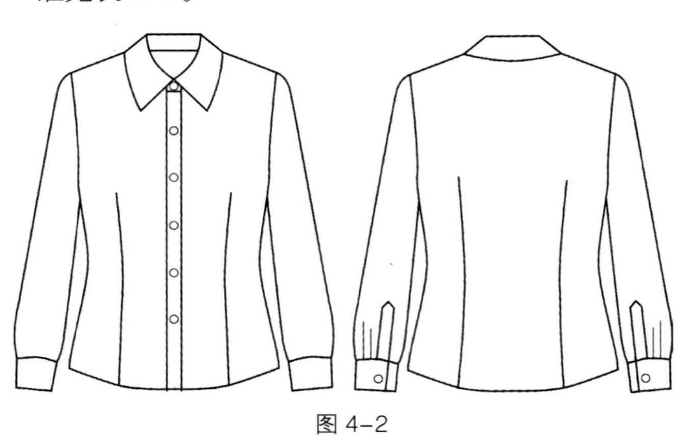

图 4-2

表 4-2

序号	部位	外观质量标准
1	翻领	领子平挺，两领角长短一致，领面无皱、无泡、无反吐
2	前身	缉线规范、省缝顺直、归拔适当
3	肩	肩部平服，肩缝顺直
4	袖头	两袖头圆头对称，宽窄一致，止口明线顺直
5	袖衩	左、右袖衩平服、无毛出，宝剑头规范
6	袖	装袖圆顺，前后适宜，左右一致，袖山无皱、无褶
7	底边	卷边宽窄一致，门襟长短一致
8	后背	后背平服
9	门襟	纽扣与扣眼高低对齐，止口平服，门里襟上下宽窄一致
10	商标、号型标	商标位置端正，号型标志清晰，号型标钉在商标下沿
11	熨烫	各部位熨烫平服，无烫黄、水花、污迹，无线头，整洁、美观

3. 下装

女西服裙效果图如图 4-3 所示，其外观质量标准见表 4-3。

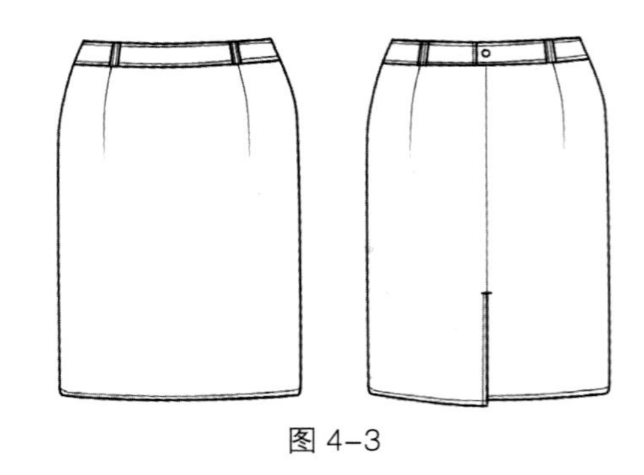

图 4-3

表 4-3

序号	部位	外观质量标准
1	腰头	腰头宽窄一致，裙腰平服，面、里衬松紧适宜，缝线顺直
2	省缝	省缝顺直，归拔适当，符合人体
3	开口	开口明线顺直、平服，拉链处无裂缝，开口下端封口平服
4	后开衩	底摆整齐、平整，后开衩不反翘，裙里与裙面服帖，松量适当
5	商标、号型标	商标位置端正，号型标志清晰，号型标钉在商标下沿
6	整烫	各部位熨烫到位，平服，无亮光、水花、污迹，底边平直，臀部圆顺

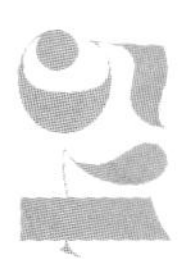

女西裤效果图如图 4-4 所示，其外观质量标准见表 4-4。

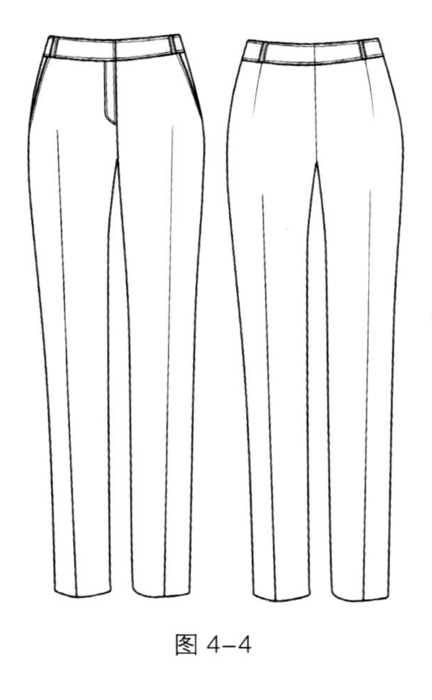
图 4-4

表 4-4

序号	部位	外观质量标准
1	腰头	面、里衬松紧适宜、平服、缝道顺直
2	门、里襟	面、里衬平服，松紧适宜，明线顺直，门襟不短于里襟，长短互差不大于0.3cm
3	前、后裆	圆顺、平服、上裆缝、十字缝平整、无错位
4	串带襻	长短、宽窄一致，位置准确、对称，前后互差不大于 0.6cm，高低互差不大于 0.3cm，缝合牢固
5	裤袋	袋位高低、前后、斜度大小一致，互差不大于 0.5cm；袋口顺直平服，无毛漏，袋布平服
6	裤腿	两裤腿长短、肥瘦一致，互差不大于 0.4cm
7	裤脚口	两裤脚口大小一致，互差不大于 0.4cm，且平直
8	商标、号型标	商标位置端正，号型标志清晰，号型标钉在商标下沿
9	整烫	各部位熨烫到位，平服，无亮光、水花、污渍，裤线顺直，臀部圆顺，裤脚口平直

4. 连衣裙

女连衣裙效果图如图 4-5 所示，其外观质量标准见表 4-5。

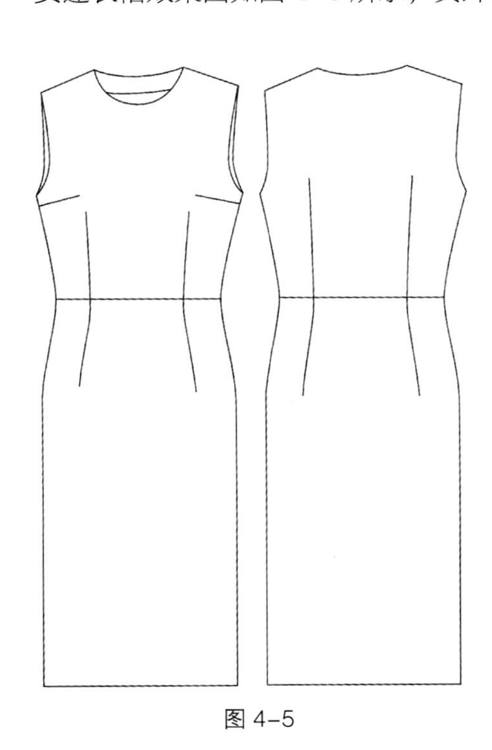
图 4-5

表 4-5

序号	部位	外观质量标准
1	领口	贴边缝合平服、贴体，左右两边对称，缝份翻足，无反吐
2	袖	袖窿圆顺，袖山平服、饱满，袖里平服，左右两边对称，缝份翻足，无反吐
3	省	省尖要尖，长短和位置左右对称一致，腰省相对于裙片要居中
4	开襟	开襟部位的拉链要求位置准确，不可有松动现象
5	缉线	装饰性的明线、缉线，线迹细密、清晰、整齐
6	商标、号型标	商标位置端正，号型标志清晰，号型标钉在商标下沿
7	整烫	各部位熨烫到位，平服，无亮光、水花、污迹，底边平直，臀部圆顺

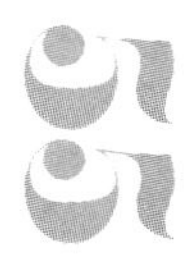

二、男装

1. 西服

高级管理人员，西装必须挺括、平整，板型设计要优雅，西服类必须量体定做，挺括整齐、平整，穿着后优雅，吻合管理人员的仪表要求。西服外观挺括，立体塑型效果突出，因此在检验时通常要将成品穿在模特架或挂在衣架上，检查衣身的外观质量。男西服效果图如图 4-6 所示，其外观质量标准见表 4-6。

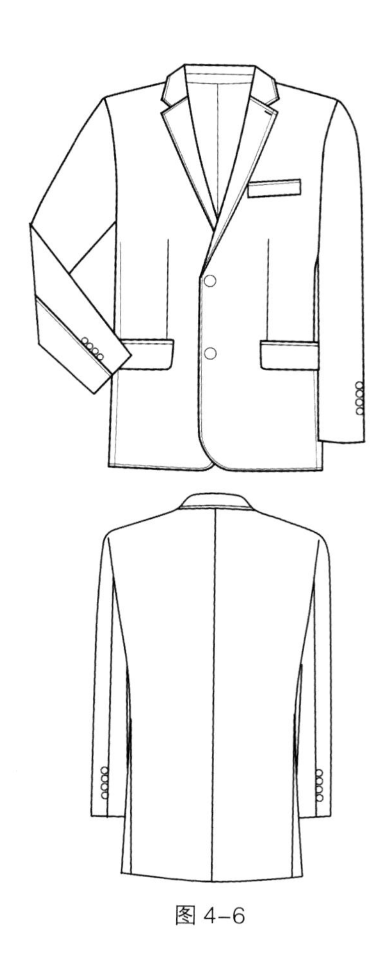

图 4-6

表 4-6

序号	部位	外观质量标准
1	领子	领面平服，领窝圆顺，左右领尖不翘
2	驳长	串口、驳口顺直，领嘴大小对称
3	门襟	顺直平挺，门襟不短于里襟，两圆头大小一致
4	前身	胸部挺括、对称，面里衬服帖，省缝顺直
5	口袋	左右袋高低对称，袋盖与袋宽相适应，袋盖与衣身花纹相一致
6	后背	平服
7	肩	肩部平服，表面没有褶，肩缝顺直，左右对称
8	袖子	绱袖圆顺均匀，两袖前后长短一致
9	整烫	各部位熨烫平服整洁，无线头、高光

2. 大衣

男大衣效果图如图 4-7 所示，其外观质量标准见表 4-7。

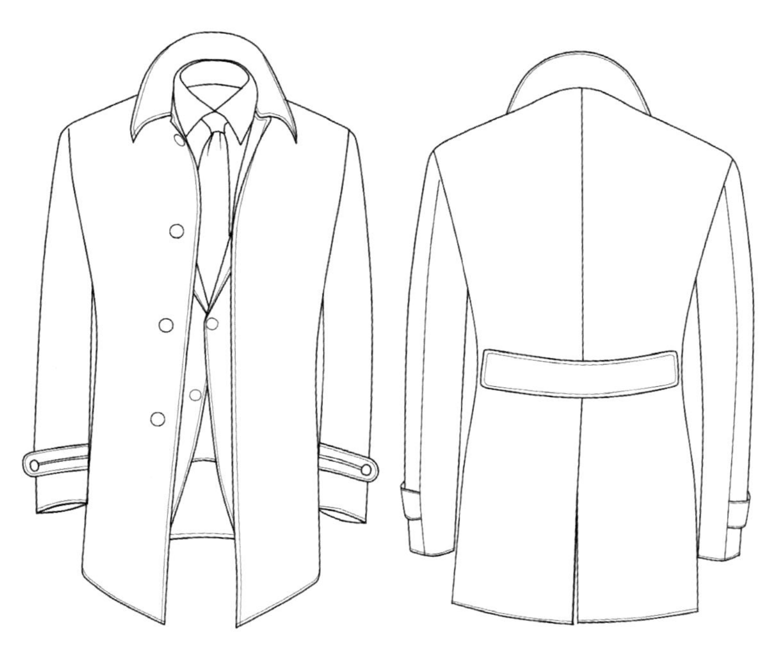

图 4-7

表 4–7

序号	部位	外观质量标准
1	衣领、驳头	① 领子里外平服、圆顺，左右对称，不荡不抽，串口顺直，左右领尖不向外翻翘 ② 有驳头的款式驳头窝服，外形止口缉线顺直，缉线宽窄一致；条格料领尖、驳头左右对称，对比差距不大于 0.3cm
2	前衣身	① 胸部饱满，面、里衬服帖 ② 止口直顺窝服，不豁不搅，门、里襟长短一致，差距不大于 0.4cm（一般门襟可稍长于里襟），止口不外翻，不倒吐 ③ 斜插袋角度准确，四角方正，左右袋高低前后位置误差不大于 0.4cm ④ 底边圆顺，窝服 ⑤ 条格面料的前衣身在胸部以下条料顺直，左右两襟衣身格料横向对格误差不大于 0.3cm，斜料左右对称
3	后衣身	① 背缝顺直无松紧，背衩不搅不豁，平服、自然，长短适宜，两边对比差距不大于 0.2cm ② 摆缝直顺，两侧对称，后背平整圆顺 ③ 条格料，左右后背条料对条，格料对格，误差不大于 0.3cm
4	袖子	① 前后袖片袖缝外形缉线宽窄一致，缉线整齐顺直，前后一致 ② 袖口平整，大小一致，袖口宽窄的对比差距不大于 0.3cm ③ 左右袖襻安装位置的高低与袖缝的距离，误差不大于 0.4cm，袖襻结实 ④ 袖里平服，松紧适宜 ⑤ 条格顺直，以袖山为准，两袖对称，误差均不大于 0.5cm ⑥ 格料袖与前身横向对格，误差不大于 0.4cm
5	其他部位	① 前后衣片在侧缝部位，格料横向对格，误差不大于 0.3cm ② 挂面、底边滚边不扭曲，宽窄一致，无褶皱 ③ 里袋高低、大小一致，滚边嵌线整齐，袋盖适位，封口牢固；扣与扣眼相对，商标清楚；左右里袋大小和位置的高低对比，误差不大于 0.6cm ④ 衣里的松紧适宜，与面服帖 ⑤ 各部位缉线，手缲线整齐、牢固 ⑥ 底边平服不外翻，夹里折边宽窄一致，折边距底边宽窄一致；底边不透线，没有针迹 ⑦ 各种辅料性能与面料相适宜，线、扣的色泽、档次与面料一致 ⑧ 熨烫平整、挺括，外观好，无亮光、水花

3. 衬衫

男衬衫效果图如图 4–8 所示，其外观质量标准见表 4–8。

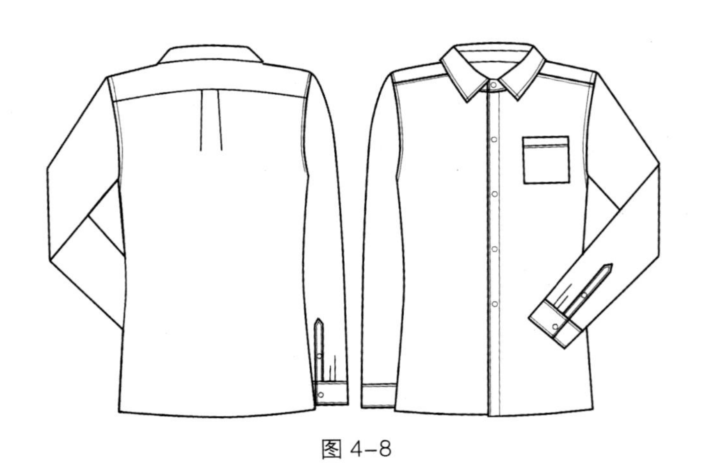

图 4–8

表 4–8

序号	部位	外观质量标准
1	翻领	领平挺，两领角长短一致，领面无皱、无泡、不反吐
2	胸袋	胸袋平服、袋位准确、缉线规范
3	肩	肩部平服，肩缝顺直
4	袖头	两袖头圆头对称，宽窄一致，止口明线顺直
5	袖衩	左右袖衩平服、无毛出，袖口三个裥均匀，宝剑头规范
6	袖	装袖圆顺，前后适宜，左右一致，袖山无皱、无褶
7	底边	卷边宽窄一致，门襟长短一致
8	后背	后背平服，左右裥位对称
9	门襟	纽扣与扣眼高低对齐，止口平服，门里襟上下宽窄一致
10	熨烫	各部位熨烫平服，无烫黄、水花、污迹，无线头，整洁、美观

4. 马甲

男马甲效果图如图 4–9 所示，其外观质量标准见表 4–9。

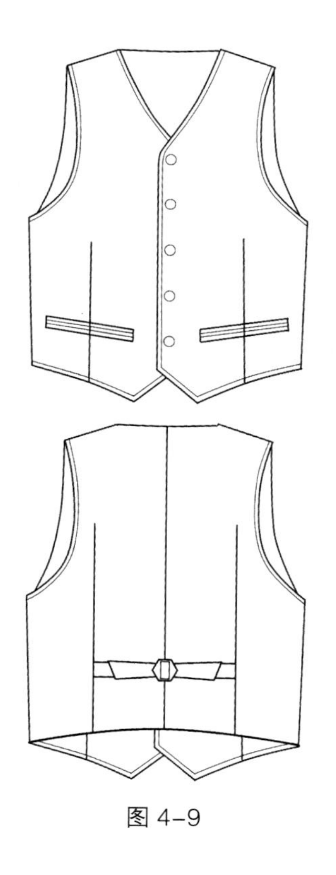

图 4–9

表 4–9

序号	部位	外观质量标准
1	前身	丝缕顺直，条格对位准确，袖窿无起翘现象
2	门、里襟	平服，纽位适中，门、里襟长短互差不大于 0.2cm，左右对称
3	开衩	顺直平服
4	夹里	松紧适中，无明显反吐现象
5	缝线	与布料颜色相配，手针痕迹不明显
6	整烫	平服，无烫黄、烫焦、烫亮现象，无污渍

5. 裤子

男西裤效果图如图 4–10 所示，其外观质量标准见表 4–10。

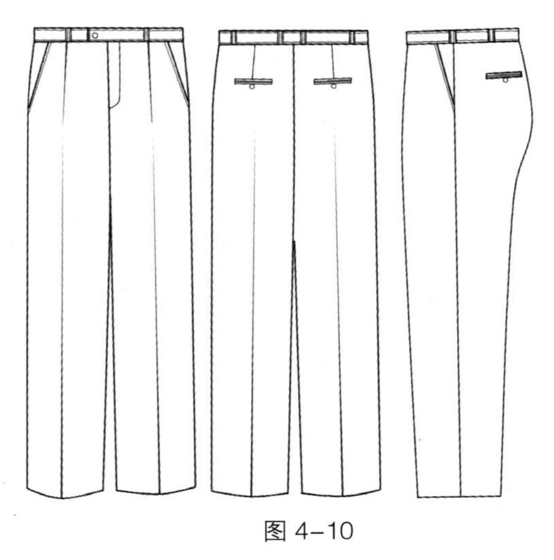

图 4–10

表 4–10

序号	部位	外观质量标准
1	腰头	面、里衬松紧适宜、平服、缝道顺直
2	门、里襟	面、里衬平服，松紧适宜，明线顺直，门襟不短于里襟，长短互差不大于 0.3cm
3	前、后裆	圆顺、平服、上裆缝十字缝平整、无错位
4	串带襻	长短、宽窄一致，位置准确、对称，前后互差不大于 0.6cm，高低互差不大于 0.3cm，缝合牢固
5	裤袋	袋位高低、前后、斜度大小一致，互差不大于 0.5cm，袋口顺直平服，无毛漏，袋布平服
6	裤腿	两裤腿长短、肥瘦一致，互差不大于 0.4cm
7	裤脚口	两裤脚口大小一致，互差不大于 0.4cm，且平服
8	商标、号型标	商标位置端正，号型标志清晰，号型标钉在商标下沿
9	整烫	各部位熨烫到位，平服，无亮光、水花、污渍，裤线顺直，臀部圆顺，裤脚口平直

6. 夹克（工程服）

男夹克效果图如图 4–11 所示，其外观质量标准见表 4–11。

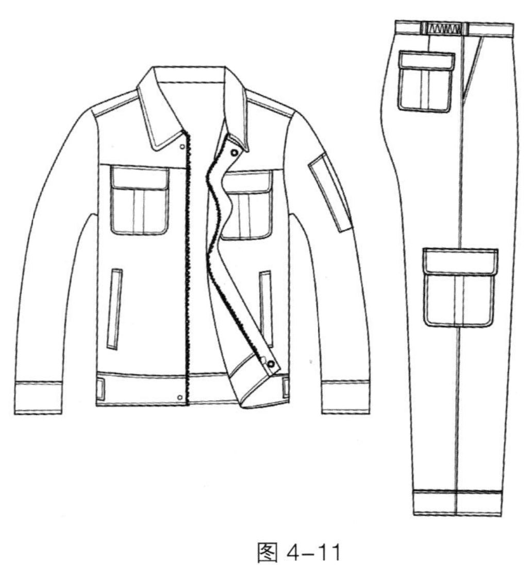

图 4–11

表 4–11

序号	部位	外观质量标准
1	肩	肩部平服，肩缝顺直
2	袖头	两袖头圆头对称，宽窄一致，止口明线顺直
3	止口	纽扣与扣眼高低对齐，止口平服，门里襟上下宽窄一致
4	底边	卷边宽窄一致，门襟长短一致
5	后背	后背平服
6	缝线	各部位缝线顺直、整齐、平服、牢固、松紧适宜，明线不能有断线
7	拉链	拉链缉线整齐，拉链带顺直
8	钉扣	钉扣牢固，扣脚高低适宜，线结不外露，四合扣上、下扣松紧适宜、牢固，不脱落
9	商标、号型标	商标位置端正，号型标志准确清晰
10	熨烫	各部位熨烫平服，无烫黄、水花、污迹，无线头，整洁、美观

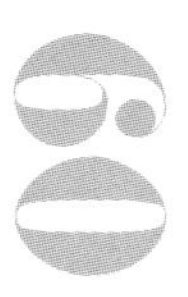

饭店制服洗涤保养的标准

制服的洗涤与养护直接影响着制服的寿命以及穿着效果。不同的面料有着不同的洗涤、熨烫和护理要求，如果洗涤不当很可能造成拉丝、起毛、褪色等现象，严重影响制服的美观性。因此，如何正确的洗涤、熨烫、护理制服起到了至关重要的作用。

通过这次调研的结果来看，现今饭店制服每年的洗涤次数基本在 150 次以上。前厅部分的制服每年的洗涤次数基本为 150 ~ 200 次左右，餐厅部分制服每年的洗涤次数明显比前厅部要高些，79% 的制服洗涤次数为 200 次。另外，有 45% 的制服存在拉丝、起毛、褪色等现象，这些问题都与制服的后期清洁维护保养有着直接的关系。在这样一个洗涤频率之下，如何尽量的保证制服的外观效果就成为了一个至关重要的事情。一个系统的洗涤、熨烫、保养的标准可以有效地改善现阶段存在的制服保养问题。

一、常见制服护理问题

不正确的洗涤方式对于制服的伤害是巨大的，除了会影响美观，还会缩短制服的使用寿命。洗涤后常见的疵点主要有以下几点。

1. 口袋变形

由于口袋内衬结构缺陷，容易在多次洗涤护理后变形（图5-1）。

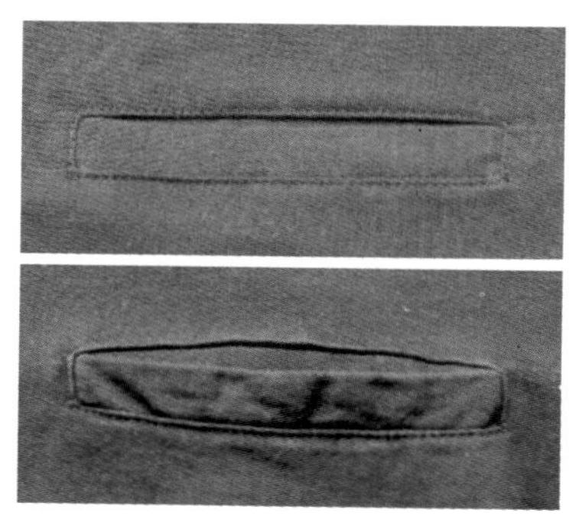

图 5-1

图 5-2

2. 拉丝

在洗涤的过程中，组织结构较为松散的面料遇到硬物，比如：拉链、纽扣等，容易被硬物钩住，这样就会形成拉丝（图 5-2）。

图 5-3

3. 起毛

在衣物的穿着过程中，受到摩擦力、拉力等各种外力的作用，纱线中的纤维易钩出形成环状或单头脱离状，经反复摩擦后，纤维纠结在一起，形成起毛甚至起球现象（图 5-3）。

4. 起壳

西服胸前一般都粘有内衬，如果洗涤、护理不当，内衬则容易与面料分离，形成气泡状的凸起，这种情况叫作起壳。

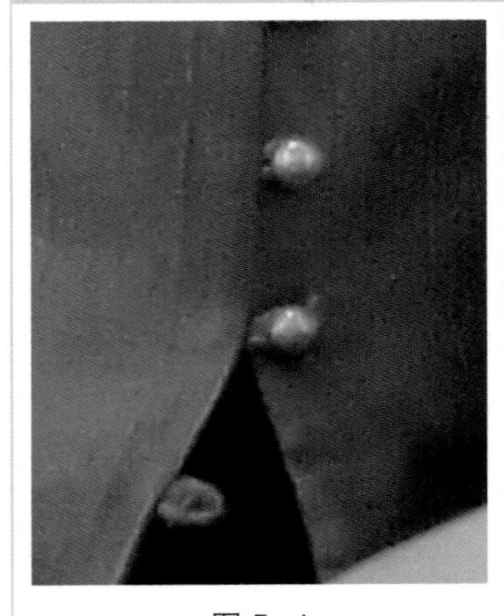

图 5-4

5. 掉扣

有些制服上为了搭配设计的整体感使用金属质感或者不太平滑的扣子，加大了对缝线的磨损，尤其是在洗涤的环境下，很多衣服缠绕在一起，一些不牢固的纽扣就会脱落或者损坏（图 5-4）。加上洗涤人员如果没有仔细的检查洗涤后的衣服，就会造成纽扣的丢失，影响穿着的美观性。

6. 褪色

有颜色的面料通过不同的洗涤、护理方法后会受到损伤而产生不同程度的褪色（图 5-5）。

7. 洗涤标签不清晰

标签洗后陈旧且无法阅读，印刷标签没有考虑防水性能（图 5-6）。

8. 极光

化纤和毛呢服装熨烫时，稍不注意，就会在某些部位产生非常难看的发亮光斑，称为极光。极光是服装熨烫时常易出现的一种疵点，它不但影响成衣的外观效果，而且还容易引起内在的质量问题。产生极光的主要原因有两个：一是面料选择不当，有些哔叽、华达呢等毛料或化纤长裤含毛量不够，穿久后，在臀部等位置会出现极光；二是熨烫时操作不当，覆在案板上垫烫材料太薄或厚薄不匀以及熨烫的案板高低不平，衣缝过厚、凸出部位的面料纤维就会被压平磨光，形成极光。最容易产生极光的部位有：上衣的大小口袋的袋盖、门襟贴边止口、领角、门里襟、卷脚贴边等。

对于已产生的极光，我们可以使用尼龙经编绒布进行处理，方法是将浸湿的尼龙经编绒布平铺在有极光的部位，用熨斗进行再次进行熨烫处理，这种方法可以极大地修复极光。

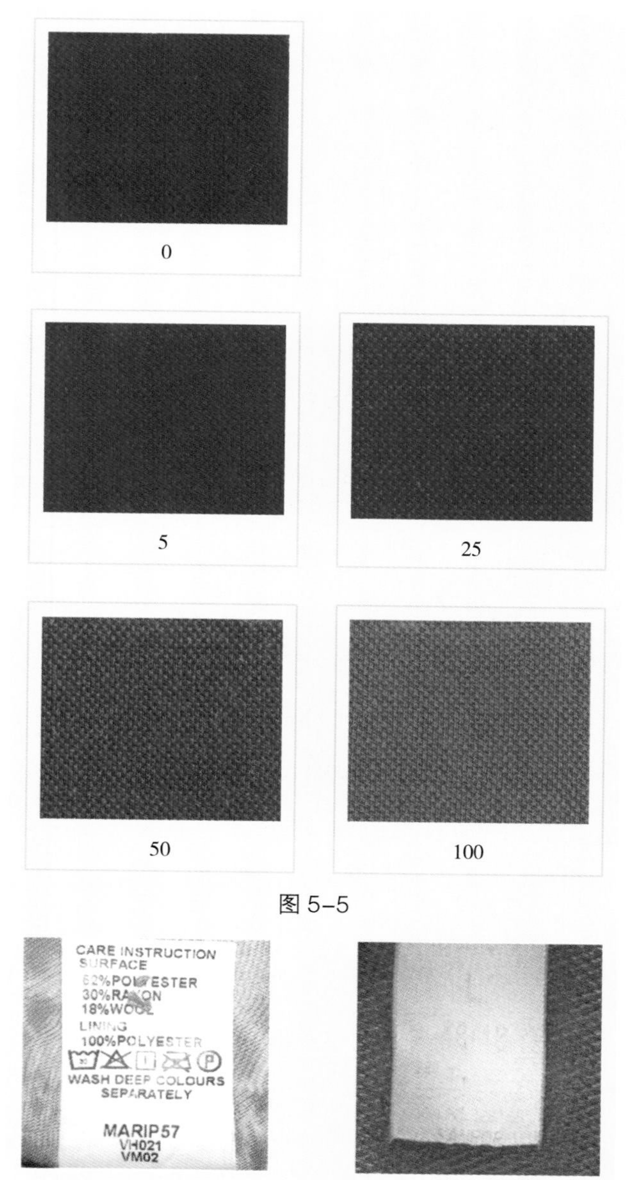

图 5-5

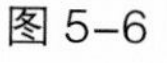

图 5-6

二、洗涤标准

正确的洗涤方法，首先要从熟知洗涤标识开始。每件制服所用的面料都会标出所适合的洗涤条件，比如：水洗、干洗、水温、是否可以漂洗等。严格按照洗涤标识所示的条件来洗涤，可以将制服的洗涤损耗降至最低。

1. 服装洗涤标识（表 5–1）

表 5–1

水洗标识			
0	不可水洗 No washing	1	只可水洗 Only hand washing
2	30℃轻柔水洗 30℃ Gentle washing	3	30℃水洗 30℃ General washing
4	40℃轻柔水洗 40℃ Gentle washing	5	40℃水洗 40℃ General washing
A	不可拧干 No wringing		
干洗和漂白标识			
0	不可干洗 No dry cleaning	3	轻柔干洗 Gentle dry cleaning
4	普通干洗 General dry cleaning	1	不可漂白 No whiten
2	可以氯漂 Can whiten		

其次，需要一个全面、合理的洗涤程序，制服的洗涤需要哪些步骤，顺序又是如何，这对于制服的系统保养很重要。图 5–7 所示为饭店洗衣房 / 大型洗衣厂水洗护理程序。

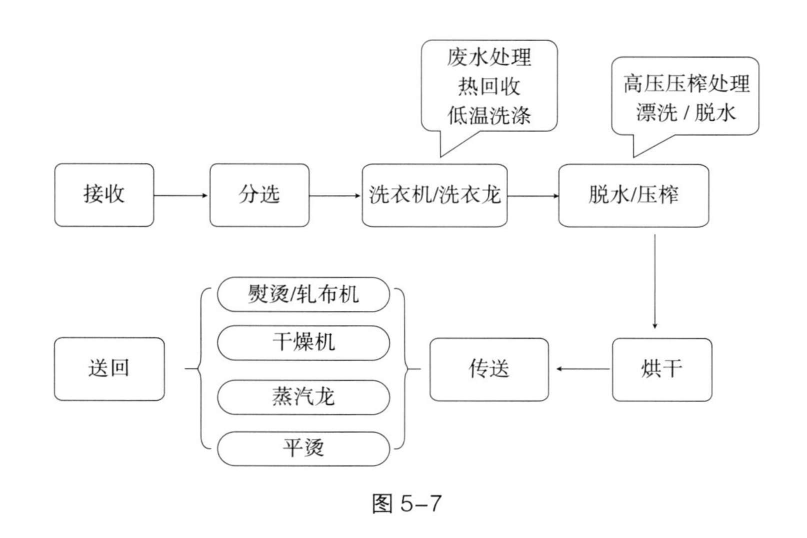

图 5–7

2. 制服的洗涤方法

洗涤是制服后期保养的第一步，也是至关重要的一步。正确的洗涤方法才能把对面料造成的损伤降至最低，这就要求洗衣房员工学会识别、看懂服装中的永久性缝入洗涤标识的内容。确认洗涤形式、了解服装洗涤要求、辨认服装的面料与材质。同时，收衣工还应认真检查服装经过穿着已磨损、已变形、

褪色的关键部位以及服装（包括里衬）在内和附件装饰做工等特别之处，采用不同的洗涤方法有针对性的操作，高效、环保的完成饭店制服的清洁。表 5–2 为一些常用的服装洗涤方法（有特殊洗涤要求的服装除外）。

表 5–2

制服的洗涤方法		
部门类别	服装面料	洗涤方法
前厅部	精纺或混纺毛料	毛料服装要求为干洗
管理和行政人员		
餐饮部	化纤或混纺纤维类面料	洗涤温度不宜过高，用力不宜过猛，洗涤后通风处晾干
客房部	全棉或混纺棉	棉纤维在水里比干时还要结实，但一些提花织物、镂空织物和松薄织物要小心手洗，防止变形、起毛。另外，要防止掉色，深色服装不宜用过热的水，且浸泡时间不宜过长，晾晒时要晾衣服的反面
工程和厨房人员	涤棉或混纺棉	防静电、阻燃、抗油易去污工作服：洗涤温度不宜过高，最好使用中性洗涤剂清洗，采用手洗或洗衣机柔洗程序，用力不宜过猛，洗涤后通风处晾干。另外，阻燃、抗油易去污工作服，切勿使用含有荧光增白剂的洗涤剂

在洗涤的过程中要注重技术操作细节，比如：干洗中不注意缓和干洗的加工操作；水洗中的忽略浸泡时间、温度的控制；熨烫中对特殊面料的熨烫温度及作用时间不严格控制等，就会在洗衣中出现质量问题；有拉链的衣物洗涤时最好将拉链拉起，避免划伤衣物，减少拉丝、起毛的现象，一些特殊材质的衣物，比如高档面料或者比较薄的衣物应放入洗衣袋进行洗涤；洗涤前应检查扣子是否缝合结实，如果有松动应先取下待洗涤结束重新缝合等，将洗涤对制服造成的损伤降低。

三、熨烫标准

1. 服装熨烫标识（表 5–3）

表 5–3

干燥标识						熨烫标识					
0		不可转笼烘干 No spin-drying	1		转笼烘干 spin-drying	0		不可熨烫 No ironing	1		110℃以下低温熨烫 110℃ Gentle ironing
B		阴干 Dry in the shade	C		悬挂晾干 dry by hanging	2		150℃以下中温熨烫 150℃ General ironing	3		200℃以下高温熨烫 200℃ Stress ironing
D		滴干 dry by drip	E		平摊干燥 Dry by lay open	4		蒸汽熨烫 Steam ironing			垫布熨烫 cushions ironing

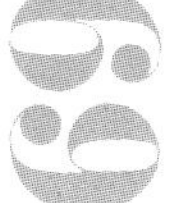

2. 制服的熨烫方法

熨烫方法不当会导致面料受损，在服装上的具体表现为：面料颜色泛黄、变焦、变深，面料褪色、变色，面料产生极光，收缩成皱，面料软化，冷却后变硬、被熔成洞，强力下降或者是去弹性。不同熨烫方式下毛、棉、丝、麻及黏胶纤维的熨烫温度范围见表 5–4。

表 5–4

衣料类别		直接熨烫温度（℃）	喷水刷水熨烫温度（℃）	垫干烫布熨烫温度（℃）	垫湿烫布熨烫温度（℃）	垫一层湿布一层干布熨烫温度（℃）	备注
毛（羊毛为主）	精纺	150 ~ 180		180 ~ 210	200 ~ 230	220 ~ 250	盖烫布熨烫比直接熨烫温度提高 30 ~ 50℃；盖湿布熨烫还需提高温度
	粗纺	160 ~ 180		190 ~ 220	220 ~ 260	220 ~ 250	
混纺毛呢（如毛涤）		150 ~ 160		180 ~ 219	200 ~ 210	210 ~ 230	
丝	桑蚕丝	125 ~ 150	165 ~ 185（反面烫，不能喷水）				
	柞蚕丝	115 ~ 140					
棉	纯棉	120 ~ 160	170 ~ 210		210 ~ 230		
	混纺（如涤棉）	120 ~ 150	170 ~ 200		190 ~ 210		
麻		190 ~ 210		200 ~ 220	220 ~ 250		
黏胶纤维（如人造棉）		120 ~ 160	170 ~ 210		210 ~ 230		

不同熨烫方式下各种合成纤维的熨烫温度范围见表 5–5。

表 5–5

纤维名称 w	直接熨烫温度（℃）	喷水熨烫温度（℃）	垫干烫布熨烫温度（℃）	垫湿烫布熨烫温度（℃）	备注
涤纶	140 ~ 160	150 ~ 170（反面烫）	180 ~ 195	195 ~ 220	
锦纶	120 ~ 140	130 ~ 150	160 ~ 170	190 ~ 220	
维纶	120 ~ 130	不能喷水	160 ~ 170	不垫湿布烫	在高温湿状态下会收缩甚至熔融
腈纶	115 ~ 130	120 ~ 140	140 ~ 160	180 ~ 200	

续表

纤维名称 w	直接熨烫温度（℃）	喷水熨烫温度（℃）	垫干烫布熨烫温度（℃）	垫湿烫布熨烫温度（℃）	备注
丙纶	85 ~ 100	90 ~ 105	130 ~ 150	160 ~ 180	
氯纶	45 ~ 60	70	80 ~ 90		
乙纶	50 ~ 70	55 ~ 65	70 ~ 80	140 ~ 160	
醋酯纤维	150 ~ 160		170 ~ 190		

熨烫温度以及熨烫方法都将直接影响服装面料的使用寿命以及外观效果，针对不同面料的服装使用相应的熨烫方法，能够尽可能地延长服装的使用寿命，避免褪色、变色、泛黄等现象。表 5–6 介绍了常用的服装熨烫方法（有特殊熨烫要求的服装除外）。

表 5–6

制服的熨烫方法		
部门类别	服装面料	洗涤方法
前厅部 管理和行政人员	精纺或混纺毛料	呢绒服装：表面具有良好的毛感，如果采用通常的压烫方法，会使其丧失表面的毛感。而降低成品的外观效果。因此，手工熨烫时应采用喷汽的方法，或采用专用的蒸汽人体模熨烫机，它是将服装成品附于热表面上，在不加压的情况下，对服装喷射高温、高压的蒸汽，使服装获得平挺丰满的外观效果的熨烫加工，同时能使服装表面保持原有的毛感 西服类服装：高档西服的材料大多为纯毛织物，其特点是吸湿性、保温性好，富于弹性，但导热性较差，一般要加湿熨烫，而且熨烫的时间要长些。纯毛织物的熨烫温度，根据熨烫部位和方式不同，可选在 150 ~ 170℃之间。若单纯加湿熨烫，熨烫温度应稍低一些，因为织物直接与熨斗接触，可选 150℃左右；若隔布加湿熨烫，温度可提高到 160 ~ 170℃；对一些颜色较浅、织物表面呈现黄色的纯毛织物，如法兰绒、凡立丁等，熨烫温度还应低些。一般喷水熨烫，温度在 130 ~ 140℃之间，且延续时间不能过长
餐饮部	化纤或混纺纤维类面料	洗涤后通风处晾干，对细节部位进行熨烫、整理，熨烫平整即可。含弹性纤维面料的服装洗涤晾晒时注意防止拉伸
客房部	全棉或混纺棉类面料	含棉类的服装直接熨烫温度应控制在 120℃以下
工程和厨房人员	涤棉或混纺棉	防静电、阻燃、抗油易去污工作服，洗涤后通风处晾干，不必熨烫

四、制服的养护

大多饭店制服都是分为两季的，因此替换下来的制服如何的存放和养护就成为了很重要的一部分。正确服装养护方法不仅可以较好地保持服装的外观效果，也可以一定程度上延长服装的使用寿命。表5-7为常用的服装养护方法（有特殊养护要求的除外）。

表 5-7

制服的养护方法		
部门类别	服装面料	养护方法
公关类	精纺或混纺毛料	毛料衣服穿过后或存放前，一定要洗净，这样可以在一定程度上减少生蛀虫的可能性。毛料衣服要特别注意其里衬、肩和领等处的洁净，这些地方容易繁殖蛀虫。毛料衣物在保存时应与化纤衣物分开存放。洗净烫平后的毛料衣物，要用衣架挂在大衣柜内，并烘干后才能领用
管理和行政人员		
餐饮部	化纤或混纺纤维类面料	化学纤维强力高，吸湿性不强，所以静电大，易起毛球，具有一定耐碱性。化纤服装保管时以平放为好，不宜长期吊挂在柜内，以免因悬垂而伸长
客房部	全棉或化纤混纺面料	棉类服装存放入衣柜之前应晒干，深浅颜色分开存放。衣柜应保持干燥

为了使制服的保养与维护达到最好的效果，除了使用正确的方法，还应该有全面的、系统性的管理，洗衣房要对洗涤流程进行质量管理与控制，使洗衣管理规范化、工作程序化、操作标准化。

（1）分类洗衣

对各种被洗服装在洗涤前进行检查与分类是一项重要的工作程序。把水洗和干洗衣物分开，将衣物按深、中、浅色分开；脏重程度分开；把易变形、缩水大、松结构、有装饰物或已沾有污渍的衣物分开洗涤。

（2）严格操作

在洗涤的过程中要注重技术操作细节，要一丝不苟地按照工艺要求、洗衣标识的要求进行操作，严禁囫囵吞枣式的操作。洗涤以后要检查衣物穿着效果，是否能够吻合最初的设计效果。

（3）系统管理

① 配备一名员工，定期对制服出现的问题进行维护，如检查纽扣是否脱落、松紧部位是否有弹性，口袋、衣身等部位是否有开线的问题，如发现问题需在员工领用制服之前进行修补。

② 洗衣房必须加强制服洗涤后的检查工作，对于出现的褪色、面料开裂等影响美观和穿着效果的制服，应及时调整与更换。

③ 洗衣房要定期对制服质量进行评估，按照规范要求，对于不能达到使用要求规范的制服进行上报，做到及时更换，确保穿着效果。

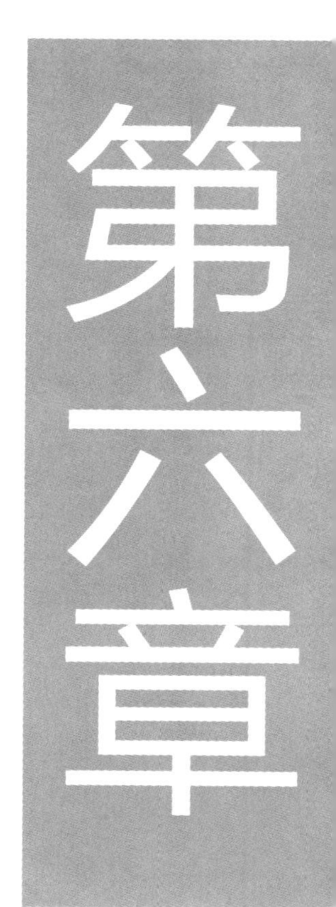

第六章

饭店制服尺寸规格的标准

此次调研中问卷调查的结果表明，有 44% 的饭店选择了量体定制，有 38% 的饭店选择根据员工的量体数据分为大、中、小号，只有 18% 的饭店选择按照国家号型标准制定大、中、小号。

多数饭店对于制服大小的选择都是按照现有员工的体型进行选择，并没有一个系统的标准可以参照，在饭店人员流动比较大的情况下，以这种方式选择的制服很难适应这种情况。因此，根据饭店制服的现状以及特点确定制服的号型标准是非常有实用价值的。本章内容主要参照国家号型标准，针对饭店行业从业人员的特点进行归纳总结出针对饭店制服的好型标准，以指导饭店在关于制服大小方面的选择。

一、国家标准中的体型分类

我国现行的服装号型标准GB/T 1335.2—2008号型标准中将我国人体按四种体型分类，即Y、A、B、C四种体型（图6-1、图6-2），它的依据是人体的胸腰差，即净体胸围减去净体腰围的差数，根据差数的大小来确定体型的分类。详细体型分类见表6-1。

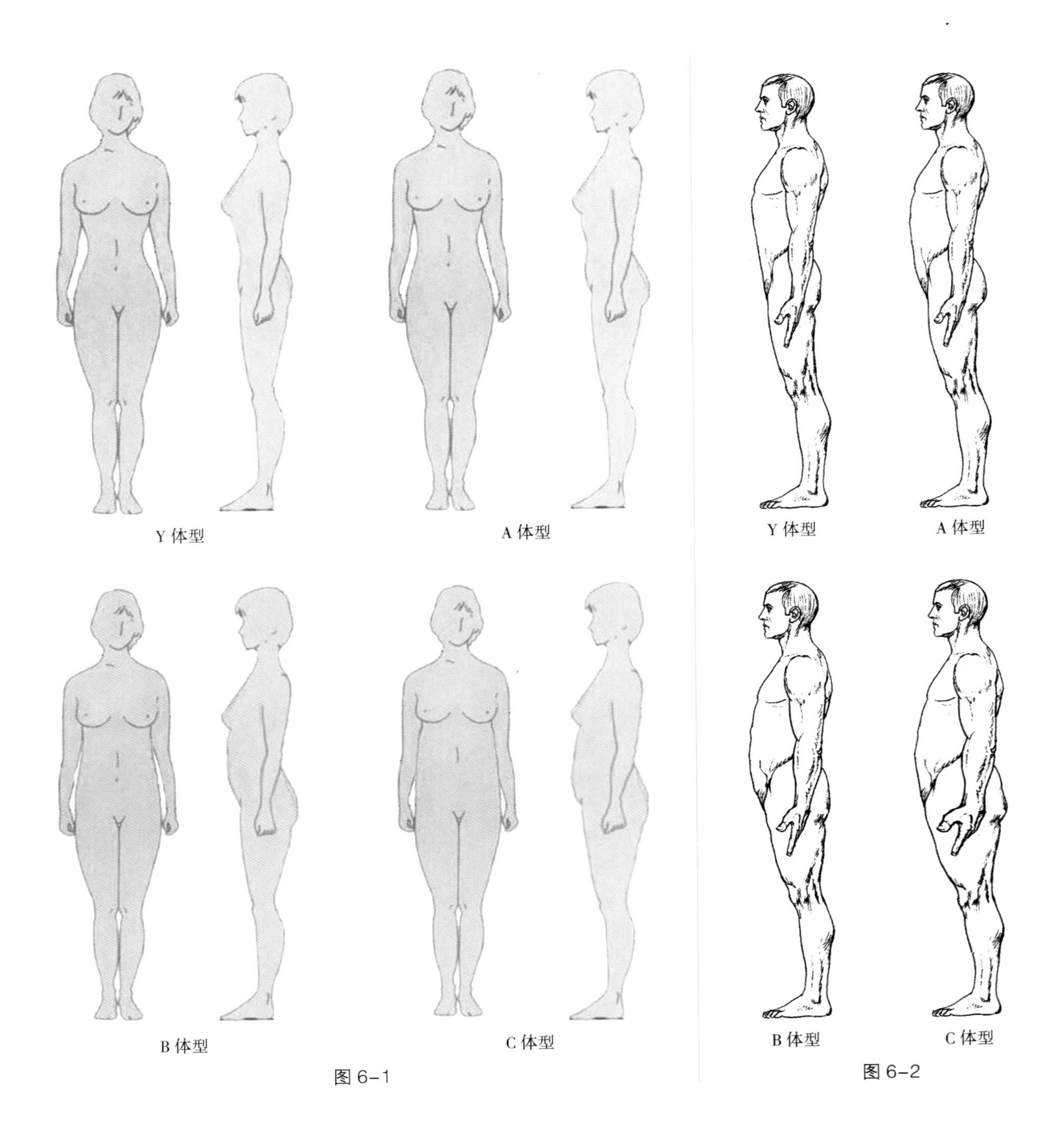

图 6-1

图 6-2

表 6-1　　单位：cm

体型分类代号	男子：胸围与腰围差	女子：胸围与腰围差
Y	17 ~ 22	19 ~ 24
A	12 ~ 16	14 ~ 18
B	7 ~ 11	9 ~ 13
C	2 ~ 6	4 ~ 8

人群中，A 和 B 体型较多，其次为 Y 型，C 型较少。Y 体型就是通常所说的身材好的标准，其胸围和腰围的差值最大，但是这种体型普遍比较少；A 体型属于标准体型。对于饭店工作人员的体型，同样适用于此分类方法。

二、制服的号型选择

根据 GB/T 1335.2—2008 号型标准，“号”指人体的身高，是设计服装长度的依据；“型”指人体的净体胸围或腰围，是设计服装围度的依据。

GB/T 1335.2—2008 号型标准中对于服装号型的设置，同样适用于饭店制服的尺寸设置。在实际选择服装号型的时候，首先要了解属于哪一种体型，然后看身高和净体胸围（腰围）是否和号型设置一致。如果一致则可对号入座，如有差异则采用近距靠拢法，具体方法如下：

身　高	163 ~ 167	168 ~ 172	173 ~ 177	……
选用号	165	170	175	……
胸　围	83 ~ 85	87 ~ 89	91 ~ 93	……
选用型	84	88	92	……

1. 对客类女服务员的号型应用

在阐述对客服务人员的号型应用之前，首先要了解前台人员的组织机构。对客服务人员主要是指前厅和餐厅等直接服务顾客的人员。

对客服人员的服装尺寸的选择分为两种情况：① 特殊的岗位以及管理人员、领班的制服最好能够量体定做，最大限度地达到服装合体，展示出最好的效果；② 普通服务人员可以选择对照国家号型标准中对于服装尺寸的规定，进行对应的选择，在人员流动比较大的时候，保证制服能够最大限度地利用。下面将介绍根据国家号型标准如何选择前台女服务人员的制服尺寸。

对客类女服务员的选择相对来说要求比较严格，一般多为年龄 20 ~ 29 岁之间的女性中选择，身高也多在 160 ~ 175cm 之间，这个年龄段的女性体型多以 Y、A 型为主，B 型和 C 型很少。因此，在选择制服尺寸的时候可以参照 GB/T 1335.2—2008 号型标准中对于身高在 165 ~ 175 之间的 A、Y 体型的号型进行选择，具体数据见表 6-2、表 6-3，表格中的数据均为净尺寸。

表 6-2

Y 体型（单位：cm）								
身高 / 腰围 / 胸围	160		165		170		175	
80	58	60	58	60	58	60		
84	62	64	62	64	62	64	62	64
88	66	68	66	68	66	68	66	68
92	70	72	70	72	70	72	70	72
96	74	76	74	76	74	76	74	76

表 6-3

A 体型（单位：cm）												
身高 / 腰围 / 胸围	160			165			170			175		
80	62	64	66	62	64	66	62	64	66			
84	66	68	70	66	68	70	66	68	70	66	68	70
88	70	72	74	70	72	74	70	72	74	70	72	74
92	74	76	78	74	76	78	74	76	78	74	76	78
96	78	80	82	78	80	82	78	80	82	78	80	82

2. 对客类男服务员的号型应用

男服务人员制服尺寸选择的情况与女服务员一致。

饭店对客类男服务员的选择要求同样比较严格，且一般年龄也在 20 ~ 29 岁之间，身高在 170 ~ 185cm 之间。这个年龄段的男性普遍体型偏瘦，胸腰差比较大，因此对应的体型为 Y 型和 A 型，其制服号型选择对应为身高 175 ~ 185cm 的 Y、A 体型，具体数据见表 6-4、表 6-5。

表 6-4

Y 体型　（单位：cm）

身高 / 腰围 / 胸围	170		175		180		185	
84	64	66	64	66	64	66		
88	68	70	68	70	68	70	68	70
92	72	74	72	74	72	74	72	74
96	76	78	76	78	76	78	76	78
100	80	82	80	82	80	82	80	82

表 6-5

A 体型　（单位：cm）

身高 / 腰围 / 胸围	170			175			180			185		
84	68	70	72	68	70	72	68	70	72			
88	72	74	76	72	74	76	72	74	76	72	74	76
92	76	78	80	76	78	80	76	78	80	76	78	80
96	80	82	84	80	82	84	80	82	84	80	82	84
100	84	86	88	84	86	88	84	86	88	84	86	88

3. 后台女服务人员的号型应用

后台服务人员服装尺寸的选择与对客服务人员一样，分为两种情况：量体定制和按照国家号型标准选择。可以全部按照号型标准选择，也可以把一部分比较重要的岗位制服拿来量体定制。下面简介绍按照国家号型标准该如何选择后台服务人员制服的尺寸。

后台服务人员主要指的是房务部以及管理和行政部门等不需要直接服务于客人的部门人员。

饭店后台的人员选择相对于前台工作人员来说要求没有那么严格，并且在年龄上的要求也相对比较宽松。身高并没有严格的要求，体型多以 A、B 型为主，少数有 C 体型。因此，在选择制服尺寸的时候可以参照 GB/T 1335.2—2008 号型标准中对于身高在 155 ~ 175cm 之间的 A、B、C 体型的号型进行选择，具体数据见表 6-6 ~ 表 6-8。

表 6–6

A 体型															（单位：cm）
身高 腰围 胸围	155			160			165			170			175		
80	62	64	66	62	64	66	62	64	66	62	64	66			
84	66	68	70	66	68	70	66	68	70	66	68	70	66	68	70
88	70	72	74	70	72	74	70	72	74	70	72	74	70	72	74
92	74	76	78	74	76	78	74	76	78	74	76	78	74	76	78
96	78	80	82	78	80	82	78	80	82	78	80	82	78	80	82
100	82	84	86	82	84	86	82	84	86	82	84	86	82	84	86

表 6–7

B 体型										（单位：cm）
身高 腰围 胸围	155		160		165		170		175	
84	72	74	72	74	72	74	72	74	72	74
88	76	78	76	78	76	78	76	78	76	78
92	80	82	80	82	80	82	80	82	80	82
96	84	86	84	86	84	86	84	86	84	86
100	88	90	88	90	88	90	88	90	88	90
104			92	94	92	94	92	94	92	94
108					96	98	96	98	96	98

表 6–8

C 体型										（单位：cm）
身高 腰围 胸围	155		160		165		170		175	
84	76	78	76	78	76	78	76	78		
88	80	82	80	82	80	82	80	82		
92	84	86	84	86	84	86	84	86	84	86
96	88	90	88	90	88	90	88	90	88	90
100	92	94	92	94	92	94	92	94	92	94
104	96	98	96	98	96	98	96	98	96	98
108			100	102	100	102	100	102	100	102
112					104	106	104	106	104	106

4. 后台男服务人员的号型应用

与女服务员一样，后台男服务人员的选择相对于前台男服务人员而言较为宽松，年龄上也没有那么严格的限制。因此，对身高和体型的限制没有那么多，多以 A、B 型为主，个别有 C 体型。因此在选择制服尺寸的时候可以参 GB/T 1335.2—2008 号型标准中对于身高在 165 ~ 185cm 之间的 A、B 体型的号型进行选择，具体数据见表 6-9 ~表 6-11。

表 6-9

A 体型（单位：cm）

身高 腰围 胸围	165			170			175			180			185		
80	64	66	68	64	66	68	64	66	68						
84	68	70	72	68	70	72	68	70	72	68	70	72			
88	72	74	76	72	74	76	72	74	76	72	74	76	72	74	76
92	76	78	80	76	78	80	76	78	80	76	78	80	76	78	80
96	80	82	84	80	82	84	80	82	84	80	82	84	80	82	84
100				84	86	88	84	86	88	84	86	88	84	86	88
104							88	90	92	88	90	92	88	90	92

表 6-10

B 体型（单位：cm）

身高 腰围 胸围	165		170		175		180		185	
84	74	76	74	76	74	76				
88	78	80	78	80	78	80	78	80		
92	82	84	82	84	82	84	82	84	82	84
96	86	88	86	88	86	88	86	88	86	88
100	90	92	90	92	90	92	90	92	90	92
104			94	96	94	96	94	96	94	96
108					98	100	98	100	98	100
112							102	104	102	104

表 6-11

C 体型（单位：cm）

身高 腰围 胸围	165		170		175		180		185	
88	82	84	82	84	82	84	82	84		
92	86	88	86	88	86	88	86	88	86	88
96	90	92	90	92	90	92	90	92	90	92

续表

C 体型										（单位：cm）
胸围 \ 腰围 \ 身高	165		170		175		180		185	
100	94	96	94	96	94	96	94	96	94	96
104	98	100	98	100	98	100	98	100	98	100
108			102	104	102	104	102	104	98	100
112					106	108	106	108	106	108
116							110	112	110	112

5. 厨师服的号型规格

厨制服的规格要求没有服务人员制服的严格，服装款式也较为宽松，穿着舒适是基本要求（表6–12 ~表 6–15）。

表 6–12

男子厨师服上装成品规格						（单位：cm）
部位 \ 号型	S	M	L	2L	3L	4L
身高	165	170	175	175	180	180
成品胸围	98 ~ 102	104 ~ 108	110 ~ 114	116 ~ 120	122 ~ 126	128 ~ 132
适应净胸围	82 ~ 86	88 ~ 92	94 ~ 98	100 ~ 104	106 ~ 110	112 ~ 116
领围	41	42	43	44	45	46
肩宽	44.4	46.2	48	49.8	51.6	53.4
衣长	72	74	76	78	80	80
半袖	22	23	24	25	26	26
中袖	38.5	40	41.5	43	42.5	42.5
长袖	56	58	60	62	64	64

表 6–13

男子厨师服裤子成品规格						（单位：cm）
部位 \ 号型	S	M	L	2L	3L	4L
身高	165	170	175	175	180	180
腰围	74 ~ 80	78 ~ 82	82 ~ 86	84 ~ 88	88 ~ 92	92 ~ 96
成品臀围	100	104	108	112	116	120
适应净臀围	90	94	98	102	106	110
裤长	96	99	102	102	105	105

表 6–14

女子厨师服上装成品规格						（单位：cm）
部位 \ 号型	S	M	L	2L	3L	4L
身高	155	160	165	170	175	175
成品胸围	92 ~ 96	96 ~ 100	100 ~ 104	104 ~ 108	108 ~ 110	110 ~ 116
适应净胸围	76 ~ 80	80 ~ 84	84 ~ 88	88 ~ 92	92 ~ 96	96 ~ 100
领围	36	37	38	39	40	41
肩宽	38	39.2	40.6	41.8	43	44.2
衣长	64	66	68	70	72	74
半袖	19	20	21	22	23	24
中袖	35.5	37	38.5	39	39.5	39.5
长袖	52	53.5	55	56.5	58	59.5

表 6–15

女子厨师服裤子成品规格						（单位：cm）
部位 \ 号型	S	M	L	2L	3L	4L
身高	155	160	165	170	175	175
腰围	66 ~ 70	70 ~ 74	74 ~ 78	78 ~ 82	82 ~ 86	86 ~ 90
成品臀围	94	98	102	106	110	114
适应净臀围	87	91	95	99	103	107
裤长	94	96	98	100	102	104

6. 工程服的号型规格（表 6–16、表 6–17）

表 6–16

工程服成品规格						（单位：cm）
部位 \ 号型	S	M	L	2L	3L	4L
身高	165	170	175	175	180	180
胸围	114	118	122	126	130	134
肩宽	47	48.5	50	51.5	53	54.5
衣长	69	70.5	72	74	76	78
袖长	57	58	59	60	61	62

表 6–17

工程裤成品规格						（单位：cm）
部位 \ 号型	S	M	L	2L	3L	4L
身高	165	170	175	175	180	180
腰围	78 ~ 82	82 ~ 86	86 ~ 90	90 ~ 94	94 ~ 98	98 ~ 102
臀围	102	106	110	114	118	122
裤长	96	99	102	102	105	105

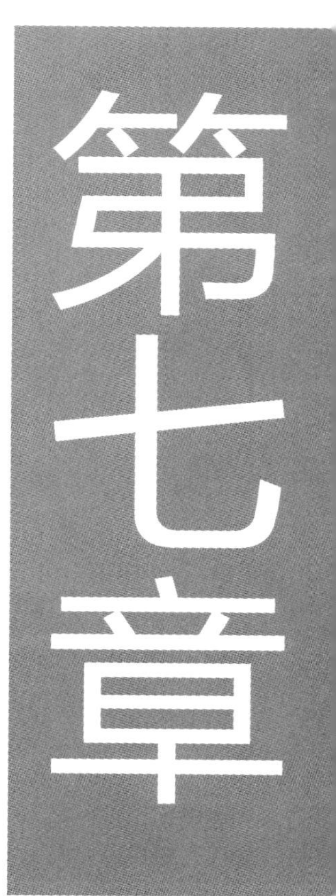

第七章 饭店制服价格制定依据

制服的价格是影响制服质量的一个重要因素。现阶段制服行业的同质化、制服质量与饭店档次不匹配等问题，都与价格有着密切的联系。

一、制服的设计费用

优秀的制服要通过专业设计来完成。专业的设计公司或者事务所，通过对饭店的全面考察了解，根据饭店的内外环境、风格定位、品牌文化并结合顾客消费心理来进行创意设计，在这个复杂的过程中，每一步都需要设计师投入极大的精力与心血，最终完成设计图与饭店管理者更好的沟通。因此，作为对设计师的认可以及对设计成果知识产权的保护，专业设计这一项应该在制服价格中占有一定的比例，一般来说，对于新开业的饭店设计费为预算的 25% 左右（含设计创意文稿、效果图、面料小样、结构说明、部分样衣）。

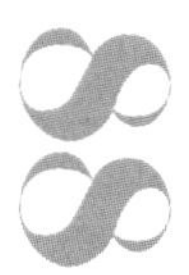

二、制服的制作费用

制服的制作费用即为制作制服所花费的费用，一般包括面料成本、人工成本和管理成本等。制服的制作可以在确定了款式以及面料的基础上，通过选定或者竞标的形式，委托生产厂家进行加工。在选择生产厂家的时候应该注重板型的原创性吻合，面料细节原创性的吻合，工艺结构原创性的吻合等方面。制作费根据地区、消费水平的不同，各个省市都不尽相同，根据此次调研得出的数据，当饭店走上正常经营之后，一般情况下每人每月的平均制服成本在 50 ~ 60 元不等，当然根据星级、地区等的不同，价格也有所不同。

另外，制服企业的品牌价值也会影响制服的价格，在选择制服供应商的时候，应该综合考虑供应商的品牌价值和影响力，比如大型品牌制服公司对于设计、生产都有完整的系统，对于产品质量的控制和管理能力也较强。在产品的设计、品质以及售后服务等方面都优于小品牌的制服供应商。

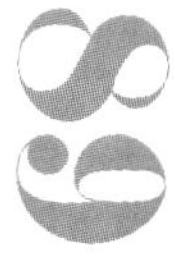

第八章

饭店制服的未来发展

在这个个性化的时代，中国酒店制服将打破“千店一面”的僵化局面。与此同时，人们的生活方式和审美取向将直接冲击国际酒店传统制服设计理念和标准，饭店制服设计将日益受到包括世界四大时装之都在内的时尚潮流影响。因此，它将成为中国饭店制服未来发展的必然趋势。

中国正在走向国际，世界也正在认识中国。中国酒店制服未来发展必然会呈现文化交融：摒弃一般概念上的“国际化”或“民族化”的分类，而应是世界文化完美交融范畴内的作品创作和实际应用，呈现多元化、时尚化和个性化的面貌。其特点大致可归纳为以下四个方面。

一、国际化与民族性的融合

在现有国际化基础上，适当展示地域性文化符号。

（1）在世界大同浪潮下，进一步融合、学习国际先进的制服设计标准的制定和执行、制服设计的共性与个性把握、制服制作的体系与规范以及制服管理的科学与应用。

（2）地域文化在制服设计中的应用与展示方式，将以简练明了的形式和时尚的语言来表达，从而在有效地展现其地域文化的专属性之外，兼顾了可读性、当代性和视觉的愉悦性。

（3）地域文化符号在制服上的展示是凝练的、成体系的。而非一味地把所有符号都堆积在一起，否则就会降低制服审美的品格。

二、地域性与时尚性的融合

在地域文化展示的过程中，用符合时代潮流特征的手法来实现。

（1）地域文化通过制服这个流动的载体和其特定的语言表达，向全球的游客展示是极富意义的。一方面它向世界展示了本地区本民族文化的美好；另一方面它还彰显了本土文化的精神内涵与历史价值，从而成为饭店的亮点。

（2）对于地域文化元素丰富的饭店制服设计，不仅要考虑到本地区本民族的人们对它的亲近感，或曰作品的亲和力，还要考虑外民族、外国人对于它的接受度和喜爱性。因此，酒店制服设计要注意表达方式的时尚性和融通性。

（3）在极具地域文化色彩的制服设计中，一定要兼顾到其功能的必备性和员工穿着的舒适性。

三、多元化、个性化诉求成为创新的引擎

多元化和个性化成为时代的诉求和创新的引擎。

（1）个性化的酒店制服对于早已审美疲劳的游客来说已经成为必然诉求。

（2）制服是饭店文化素养、审美水平、服饰品位等信息的传递载体，作为饭店视觉营销中举足轻重的部分，个性鲜明的制服设计对饭店整体环境的档次提升能够发挥重要作用。它突出了饭店文化和特色，同时也起到提升员工自豪感和归属感的功效。

（3）多元化的酒店制服设计既丰富了酒店视觉产品，同时又为酒店制服的创新发展提供了源源不断的信息和启发。

四、人文关怀及可持续发展

人文关怀和可持续发展理念始终贯穿于设计之中。

中国星级饭店制服走低碳环保的道路是建设“盛世中国”的发展方向，也是中国饭店业可持续性发展的重要课题。饭店制服的可持续性发展应注意以下几点：

（1）面料的环保性：随着科技的进步，饭店制服的功能性在不断地扩充完善，各种环保、可持续面料陆续研发并投放市场，使得未来制服穿着更加舒适、更好地适应人体的需求，更加健康环保。

对此，国际上已经有明确的标准和制度。例如：世界上最权威的、影响最广的纺织品生态标签 Oeko-Tex Standard 100、欧盟规章《化学品注册、评估、许可和限制》（简称 REACH）、欧盟生态标签 EU ECO LABEL 等。

（2）面料的可持续性：饭店制服的回收再利用，是倡导节能减排和绿色环保理念的重要体现，是

饭店制服可持续发展的重要环节。

以废旧聚酯为初始原料，将废旧饭店制服中的聚酯纤维进行化学处理，生产制造可循环的功能性纤维，用于制作制服，每年可以帮助酒店产业解决上千吨的废弃制服的处理问题。用循环经济的理念发展和提升再生资源产业，最大限度地实现了原材料的循环利用，为解决废旧饭店制服再生利用问题指明了新的方向。

（3）功能性的满足：功能性的满足与面料和制作工艺密不可分，通过现代科技研发的面料加上特殊的工艺，饭店制服从最初的单一功能到现在的能够满足多种不同的功能性要求，更好地满足了饭店服务岗位制服所需要的功能性。

（4）成本的控制：成本控制的重点在于针对饭店人员流动大的特点如何做到制服的重复使用。如果一套制度只为一个服务员量身定制，员工变动后，这套制服就无法继续使用，从而造成浪费；如果勉强给新员工穿着则会影响穿着效果，这两种选择无论哪一种都是资源的浪费。因此，针对不同岗位的特点采用规格定制和后续配送制两种方法相结合，可以最大限度地节约成本。

总之，中国饭店制服的未来发展趋势，体现的是设计视野全球化、元素运用个性化、款式规格通用化、质量管理标准化、采购模式平台化等特征。而品牌形象和服务链的完善性将成为酒店选择供应商的关键因素。

参考文献

[1] 边菲．制服设计 [M]．上海：东华大学出版社，2011.

[2] 梁惠娥，等．饭店制服设计与制作 [M]．北京：中国纺织出版社，2004.

[3] 王革辉．服装材料学 [M]．北京：中国纺织出版社，2006.

[4] 马大力．服装材料学教程 [M]．北京：中国纺织出版社，2003.

[5] 陆鑫．成衣缝制工艺与管理 [M]．北京：中国纺织出版社，2005.

[6] 姜蕾．服装品质控制与检验 [M]．北京：化学工业出版社，2012.

[7] 周邦桢．服装熨烫原理及技术 [M]．北京：中国纺织出版社，1999.

[8] 戴鸿．服装号型标准及其应用 [M]．北京：中国纺织出版社，2009.

附录

鸣谢参与此次中国调研的饭店

参与此次中国调研（座谈会以及现场调研）饭店名单

（排名不分先后）

山东大厦　济南舜耕山庄　济南玉泉森信大饭店
济南珍珠泉宾馆　锦绣山庄山东银座旅游集团
山东东方大厦　山东良友富临大饭店　山东舜和饭店集团
山东颐正大厦　山东中豪大饭店　商河温泉饭店度假村
政协维景大饭店济南贵和皇冠大饭店　济南索菲特银座大饭店

开元名都大饭店　杭州萧山宝盛宾馆
杭州银龙西湖四季饭店　黄龙饭店　杭州第一世界大饭店
浙江金马饭店　世外桃源皇冠假日饭店　白马湖饭店
杭州太虚湖假日饭店　浙江三立开元名都大饭店　西湖国宾馆

京闽中心饭店　日月谷温泉饭店　悦华饭店
牡丹国际大饭店　艾美饭店　海景千禧大饭店
航空金雁饭店　鹭江宾馆　闽南大饭店　怡翔华都大饭店
源昌凯宾斯基大饭店　威斯汀酒店　西安天骊君廷大酒店
君廷酒店及度假村集团　舟山财富君廷大酒店
日航饭店　喜来登酒店　马哥孛罗东方大饭店

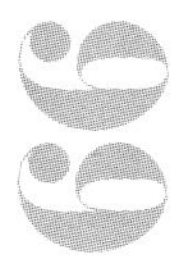

湖南华天大饭店　长沙通程国际大饭店　长沙神农大饭店
常德共和饭店　湖南圣爵菲斯大饭店　湖南普瑞温泉饭店
长沙同升湖通程山庄　湖南华雅国际大饭店
长沙明城国际大饭店　湖南潇湘华天大饭店
长沙世纪金源大饭店　湖南富丽华大饭店
湖南和一饭店连锁有限公司　长沙运达喜来登酒店
长沙芙蓉国温德姆至尊豪庭大饭店

成都岷山饭店　望山宾馆　成都家园国际饭店　锦江宾馆
成都西藏饭店　城市名人饭店　成都天伦国际大饭店
成都京川宾馆　成都金玉阳光饭店　成都天府阳光饭店
成都天仁大饭店　德阳旌湖宾馆　成都凯宾斯基饭店
天府丽都喜来登酒店　成都世纪城洲际饭店
并衷心感谢参加网络调研的各饭店

南京国际青年会议中心　南京金陵江滨国际会议中心
南京古南都饭店　常州希尔顿酒店　无锡洲际酒店
无锡太湖饭店　无锡湖滨饭店　上海虹桥万豪酒店
苏州桃园度假村　苏州苏苑饭店　西安临潼悦椿温泉酒店
重庆贝迪温泉度假酒店

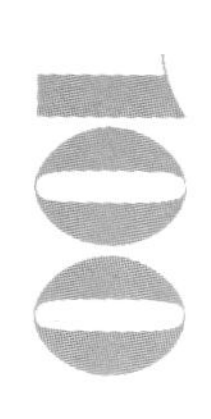

后记

我国饭店行业首部制服蓝皮书——《中国饭店制服蓝皮书》经过一年多的努力，终于面世了。该书在充分调研的基础上，比较全面系统地阐述了我国饭店制服的现状、问题及前景，标志着我国饭店产业的研究正在不断延伸，填补了饭店行业制服研究的空白。

该书得到了我会部分副会长的重视，杜文彬、陈灿荣、吴莉萍、邹敏、吴健敏、王济明等副会长都亲自主持当地的调研座谈会。并得到了我会常务理事，山东、浙江、湖南、四川旅游饭店协会秘书长郭华、杜党祥、陈伏娇、鲍小伟等的大力支持。得到了部分国家级星评员狄保荣、魏洁文、刘志毅、金钢、方立、匡家庆、袁俊、李成勇的大力配合。还得到了原蓝海集团执行总裁黄鉴中、浙江金马饭店管理公司原总经理徐桂生、美国美高梅集团执行总经理 Andrew Matthew Garcia、南苑集团原副总裁管惠俊、君廷国际度假村管理集团亚太区执行总裁谷鹏、上海锦江国际酒店集团首席执行官杨卫民、金陵饭店管理集团高级顾问唐建国、无锡旅游协会会长王洁平、中国职业装产业协会会长王耀珉、承德天宝酒店管理集团总经理孙义兴、上海春秋投资管理有限公司总经理陆荣华、无锡君来酒店集团董事局主席朱晓霞、中国国宾馆协会主席高建国、浙江蓝天海纺织服饰科技有限公司董事长陈明青、喜达屋佘山艾美酒店房务部陈惠珍经理、饭店杂志总编张含贞以及美国饭店业协会教育学院客座教授、资深酒店管理专家姜勃的积极参与。该书还得到了服装高等院校的大力支持：苏州大学艺术学院李飞跃老师、江南大学服装设计学院夏岩老师、湖南师范大学服装艺术设计学院贺景卫教授、上海东华大学服装艺术设计学院周洪雷副教授、湖北美院服装系李海兵副教授、四川美院艺术学院副院长苏永刚教授。特别是编委会主编中国旅游饭店业协会顾问、 全国星评委专家委员会主任徐锦祉， 副主编中国美术家协会服装艺术设计委员会秘书长、清华大学美术学院染织服装艺术设计系主任、教授肖文陵，执行主编中国旅游饭店协会常务理事、东亚制服集团董事长许经伦，从前期策划、调查问卷的设计、蓝皮书提纲的修改、蓝皮书内容的审定，前后一年多的时间里做了大量工作，付出了大量心血。东亚制服集团上海研发中心李江、东亚制服集团设计师戴戟、许云，以及中国旅游饭店业协会秘书处王海文、美国休斯顿大学饭店管理专业研究生黄河舟和美国纽约大学公共关系专业研究生许怡雯，做了大量文案工作和协调工作。在蓝皮书出版之际，对他们一并表示衷心感谢！

许京生

中国旅游饭店业协会秘书长

2015 年 1 月

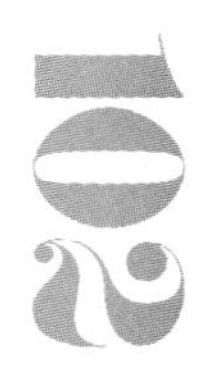

TO：《中国饭店制服蓝皮书》编委会 中国旅游饭店协会

地址：中国北京建国门内大街甲九号

《中国饭店制服蓝皮书》编辑部

地址：上海市闵行区紫秀路100号虹桥总部1号3号楼1B

江苏省无锡市崇安区中山路118号515室

FROM：姓名：________________

宾馆：________________

地址：________________

职务：________________

电话：________________

惊喜礼品等你拿

请在回函中注明您所在宾馆、真实的姓名与联系方式，并寄回编辑部，就有一份惊喜小礼品等着您！

问卷调查

1：您认为《中国饭店制服蓝皮书》的出版，对您酒店制服的选择有指导意义吗？

- 意义很大　有一点指导　影响不大

2：您认为《中国饭店制服蓝皮书》的内容是否全面？

- 比较全面　有一点偏　内容不全

3：您认为《中国饭店制服蓝皮书》还需要增加哪方面内容？

需增加的内容：1. ________________

2. ________________

3. ________________

4：饭店制服是否有必要建立规范与标准？

- 非常有必要　否　无所谓

5：您所在的饭店属于那种类型的饭店

- 商务饭店　会议饭店　度假饭店　主题饭店
- 其他

6：制服的“专业设计”情况

- 模仿其他类似饭店的制服，无专业设计　有设计，但与饭店主题不吻合
- 不注重制服效果

7：制服设计中对饭店文化的体现

- 主题明确　一般　基本没有体现

8：制服设计团队的选择

- 国外设计师　国内制服公司　服装院校老师　一般制服生产企业

9：如何决定制服公司

- 总经理决定
- 按设计师品牌作品决定
- 按价格选定

10：制服选材的外观品质

- 褪色
- 拉丝、起毛
- 质量稳定

11：制服选材的舒适度

- 排汗、透气
- 舒适度差
- 触感柔软

12：制服选材的功能性

- 防静电
- 防酸碱
- 阻燃
- 抗油易去污

13：制服板型结构合理度

- 按照人体工程学设计合理
- 一般
- 不方便服务

14：制服缝制工艺的精致度

- 做工精致
- 较合体、挺括
- 一般
- 有掉扣等情况，做工粗糙

15：制服平均洗涤次数（次 / 年）

①前厅：
- 100 次
- 80 次
- 50 次

②餐厅：
- 100 次
- 80 次
- 50 次

16：制服换装的周期

- 2 年
- 3 年
- 4 年及以上

17：对于制服穿着效果的考核

- 按专业设计要求，统一形象要求
- 按选择的服装随意穿着
- 没有具体设计

18：员工流动性大，如何选择制服尺码

- 量体
- 国家标准号型的大、中、小号
- 根据员工尺寸分大、中、小号

19：现今市场制服实际费用预算情况（以换装周期 2 年为例）

- 人均 350 元
- 人均 450 元
- 人均 500 元以上

20：能够接受的制服价格定位（人均元 / 套）

- 350
- 400
- 450
- 500
- 500 以上

21：在选择制服中是否愿意为设计的知识产权支付单独的费用

- 是
- 否

22：当今形式下，是否愿意对饭店制服进行投入

- 愿意
- 根据实际情况决定

23：饭店管理者对饭店制服现状的认识

- 比较满意
- 不正式，缺乏专业培训
- 无体系、无规范、无标准
- 不关注

24：制服在饭店采购物品中的地位

- 很重要
- 重要
- 比较重要

25：如何理解“专业设计、选材良好、做工精致”的星评标准

- 选择制服方案时必须考虑
- 选择制服方案时没有考虑
- 不知道有此规范标准